KB267717

혼자서도 잘하는 아이의 독서법

혼자서도 잘하는 아이의 독서법

혼자서도 잘하는 아이의 독서법

책꿈샘 김지원 지음

샘터

20년을 교사로 지냈고 그중 17년은 '책 읽어 주는 교사'로 살았습니다. 지금은 학교를 떠나 문해력 강사로 활동하며 자녀의 독서에 대해 고민하는 많은 학부모를 만나고 있습니다.

"선생님, 아이랑 독서 지도를 하다가 오히려 관계만 나빠졌어요."

"책을 읽으라고 할수록 아이가 더 싫어해요."

책 읽어 주는 교사가 되기 전, 저 역시 독서 지도의 실패를 경험했습니다. 아이들에게 책은 무조건 읽어야 한다며 강제 독서를 시켰고 그로 인해 아이들은 점점 책을 멀리했습니다. 이는 가정에서도 마찬가지였습니다. 아이가 자라며 점점 고집이 세지고 자기주장이 강해지면서 꼼꼼하고 다양하게 읽는 독서를 시키는 게 힘들어졌습니다. 자연히 잦은 다툼이 시작됐습니다.

문해력 교육이 강조될수록 아이들의 문해력이 오히려 나아지지 않는 이유도 여기에 있다고 생각합니다. 읽기를 학습으로만 가르치려 할 때 스스로 먼저 하고 싶은 마음은 들지 않습니다. 그렇다면 앞으로 독서 교육은 어떤 방향으로 가야 할까요?

저는 오랜 시행착오 끝에 한 가지 답을 찾았습니다. 바로 '책 대화'입니다. 책 대화란 같은 책을 읽고 이야기 나누는 독서법으로, 양육자가 아이와 정서적으로 교감하며 자기 주도성을 키워 주는 상호 작용의 읽기입니다. 책 대화를 통해 자신의 생각을 정리하고 말하는 경험을 쌓은 아이들은 여기서 기른 질문 습관, 의사소통, 공감·문제 해결 능력 등을 바탕으로 학습뿐만 아니라 생활면에서도 주체적으로 바뀌었습니다.

핵심은 바로 상호 작용, 즉 따뜻한 정서적 연결에 있습니다. 이는 아이가 편안함을 느끼는 가정에서 가장 잘 이뤄질 수 있습니다. 학교나 학원에서는 커리큘럼과 시간의 제약으로 아이의 개별적인 감정과 생각을 깊이 있게 수용하기 어렵습니다. 반면 가정은 아이의 엉뚱한 질문도, 미성숙한 답변도 비판 없이 온전히 받아 줄 수 있는 심리적으로 가장 안전한 공간입니다. 아이는 가정에서의 책 대화를 통해 자기 주도적인 독서 태도를 기르고, 부모는 아이와의 관계 속에서 함께 성장하게 됩니다.

이 책은 총 다섯 장으로 구성돼 있습니다.

1장은 아이의 자기 주도성을 심어 주는 가정 독서 교육으로 책 대화를 제안했습니다. 또한 자기 주도성이 필요한 이유와 키우는 다섯 가지 자기 주도 경험을 제시합니다.

2장은 책 대화의 뜻과 원칙에 대해 구체적으로 다룹니다. 특히 부모들이 책 대화를 할 때 잊지 말아야 할 태도에 대해 정리했습니다.

3~4장은 초등 저학년부터 중·고학년까지, 발달 단계에 맞는 구체적인 책 대화법을 다뤘습니다. 읽기 발달에 따라 필요한 자기 주도 경험을 제시하고 다양한 분야의 책을 아이와 함께 읽는 방법을 소개합니다.

마지막 5장은 결국 공부머리도 아이의 자기 주도성을 길러 주는 정서 발달에 기반함을 이야기합니다. 아이의 정서 능력은 가정에서의 교육에 따라 가장 크게 좌우됩니다. 이때 책 대화는 아이의 감정 지능을 높이는 좋은 방법이 될 수 있습니다.

이 책은 자녀의 독서 지도에 지쳐 "이게 맞아?" 하고 고민하는 부모님들께 드리는 응원의 책입니다. 책 대화는 아이를 변화시키는 힘뿐만 아니라 부모에게도 관계의 기쁨을 돌려주는 힘을 가지고 있습니다. 정서의 힘과 학습의 힘이 동시에 얻을 수 있는 순간을 경험할 수 있을 것입니다.

부모와 자식이 함께하는 대화, 그것은 세상이 아무리 변해도 변하지 않는 가장 인간적인 교육의 본질입니다. 그중에서 책 대화는 일상의 대화로는 닿지 못하는 간접 체험의 세상을 더 긴밀하고 공감할 수 있게 만들어 줍니다. 책 대화를 통해 부모와 자녀는 같은 독자가 됩니다. 이러한 경험을 각자의 세계를 이해하고 존중하게 만들며 부모와 자녀는 함께 성장합니다. 가정 독서의 바람직한 방향을 찾고 있다면, 이 책이 든든한 길잡이가 돼 주리라 믿습니다.

책꿈샘 김지원

1장

혼자서도 잘하는 아이는 무엇이 다를까?

1장

혼자서도 잘하는
아이는 무엇이 다를까?

부모가 없으면
아무것도 못 하는 아이들

고학년 담임을 맡았을 때 아이들이 준비물을 챙겨 오지 않아 이유를 물어본 적이 있습니다. 그 아이는 "엄마가 안 챙겨 줬어요"라고 대답했습니다. 숙제를 가져오지 않은 이유도 '엄마가 챙겨 주지 않아서'라고, 체육 수업에 운동화를 신지 않고 온 것도 '엄마가 알려 주지 않아서'라고 대답하는 경우도 있었습니다.

좋아하는 책 중에 《팬티 바르게 개는 법》이라는 도서가 있습니다. 일본의 한 교사가 '청소년들이 인생을 즐겁게 살아가려면 자립심을 길러야 한다'라고 소개하는 내용인데, 아이들은 이 책의 제목을 볼 때마다 '푸하하' 하고 웃음을 터트립니다.

"선생님, 무슨 책 제목이 이래요? 제목이 너무 웃겨요."

이런 아이들에게 저는 이렇게 말합니다.

"그래? 이 책에 유용한 내용이 정말 많은데…."

그러면 아이들은 잠시 제목에 대해 생각하다가 다시 대답하곤 합니다.

"앗! 그러고 보니 저는 팬티를 개어 본 적이 없네요."

"어? 나도 그래."

자립심이 강한 아이들의 특징은?

강연에서 이러한 경험담과 함께 《팬티 바르게 개는 법》을 소개한 적이 있는데, 부모님들은 이런 반응을 보였습니다.

"어머, 선생님! 저 책은 우리 아이가 꼭 읽어야겠어요."

"우리 아이는 6학년인데 자기 방 정리를 아예 안 해요."

"가방 정리도 안 하던데요."

"신발 끈도 묶을 줄 몰라요."

갑자기 강의 시간이 '우리 아이는 이걸 못해요!'라고 말하는 사례집 찾기 현장이 돼 버렸습니다. 이는 가정뿐만 아니라 학교 현장을 맡고 있는 선생님들도 입 모아 이야기하는 현상입니다.

아이들의 학습 능력이 좋고 나쁨을 이야기하기에 앞서 '주도성의 부재'를 더 크게 느낀다고 말입니다.

쉽게 말해 학습 능력을 키우려면 스스로 책을 펴고 공부하려 하는 의지와 자세가 필요한데, 이러한 능력이 부족하다는 뜻입니다. 아이의 자립심을 키워 줘야 하는 대표적인 이유입니다. 이는 단적인 예시에 불과합니다. 이른바 '무엇이든 혼자서도 잘하는 아이'로 키워야 하는 가장 큰 이유는, 아이들이 살아가면서 맞닥뜨릴 변화 속에서 스스로 목표를 세우고 문제를 해결해야 하기 때문입니다.

부모님이 언제까지고 아이 대신 길을 정해 줄 수는 없습니다. 특히 인공지능으로 많은 직업이 대체될 미래에는 꾸준히 배우는 능력이 중요한데, 스스로 배우고자 하는 태도와 실행력이 없으면 성장이 정체되고 맙니다.

그렇다면 자기 주도적이라는 것은 어떤 모습일까요? 자기 주도성이 강한 아이들은 몇 가지 특징적인 모습을 보입니다.

첫째, 스스로 선택하고 계획을 세울 줄 안다.

둘째, 질문을 통해 궁금증을 해결하고 더 나은 상황으로 개선한다.

셋째, 대화를 통해 자신의 생각과 느낌을 주도적으로 표현한다.

넷째, 스스로 감정을 잘 조절할 줄 안다.

다섯째, 당면한 문제를 스스로 해결할 줄 안다.

많은 부모님이 아이를 독립적으로 키우고 싶어 하지만 어떤 교육이 아이의 자립심을 키워 주는지 몰라 고민합니다. 아이의 자기 주도성 향상을 위해 가정에서 무엇을 할 수 있을까요? 저는 부모님들에게 가정 독서 교육의 핵심인 '책 대화'를 제안합니다.

책 대화는 아이의 내면에 자기 주도성을 심어 주는 가장 효과적인 훈련입니다. 스스로 읽을 책을 결정하고, 주인공의 선택에 대해 이유를 묻고 자신의 생각과 느낌을 말로 표현하고, 책 속 갈등 해결 과정을 보며 감정을 다루는 활동을 하기 때문입니다. 아이에게 주도적으로 삶을 헤쳐 나가기 위해 필요한 정서적 지지와 실천 경험을 제공한다는 뜻이지요.

사고하고 판단하는 능력이 단단해지면 이는 곧 학습 목표 설정과 자기 관리로 이어져 학업에서도 자기 주도 학습의 효과를 발휘합니다. 가정에서의 책 대화를 통해 자녀를 자신의 선택과 의지로 목표를 세우고 결과에 책임지며 살아가는 능동적인 아이, 즉 혼자서도 무엇이든 잘하는 아이로 성장시킬 수 있습니다.

책과 대화가 함께할 때
일어나는 변화

아이와 같은 책을 읽고 대화하는 것, 이것이 바로 책 대화의 기본 원칙입니다. 책은 세상을 바라보는 창이자 우리가 살아가는 데 필요한 지혜를 담은 가장 오래된 기록물입니다. 또한 대화는 정보 교환을 넘어 소통의 즐거움을 느끼게 하고 능동적으로 참여하게 하는 활동입니다.

대화를 하려면 우선 아이가 자신의 생각과 감정을 숨김없이 드러낼 수 있는 심리적 환경이 갖춰져야 합니다. 학교와 달리 가정은 아이에게 가장 편안한 공간이기에 어떤 주제에 대해 가장 솔직하고 깊은 대화를 나눌 수 있습니다. 그렇기에 특히 가정에서의 대화가 권장되는데, 이를 위한 매개채로 가장 적합한 것이 독서입니다. 책을 함께 읽고 나누는 대화를 통해 느끼는 따뜻함과 정겨움, 위로가 정서적 안정감을 더해 주기 때문입니다.

삶을 바꾸는 책 한 권의 힘

책의 종류별로 대화를 나누는 방법은 다르지만 기본적으로는 읽기 전, 중, 후에 부모의 질문으로 시작합니다. 먼저 읽기 전이라면 아이의 흥미를 존중하고 독서에 대한 주도권을 부여하는 대화를 나눌 수 있습니다.

> **부모**: 오늘은 어떤 책을 같이 읽어 볼까?
>
> **아이**: 동물이 나오는 책이요.
>
> **부모**: 그럼, 이번에는 네가 고른 책을 읽어 보자.

읽는 중이라면, 다음과 같이 아이의 독서 과정을 지지하고 스스로 읽기 계획을 점검하고 조절하게 하는 대화를 나눌 수 있지요.

다 읽은 후에는 등장인물의 감정과 상황을 아이의 실제 삶에 연결하는 심층적인 대화를 나눌 수 있습니다.

혼자 읽는 독서는 질문의 양도 훨씬 적고 자신의 생각을 표현할 기회도 적습니다. 또한 다른 사람은 어떤 생각을 갖고 있는지 내 의견과 비슷한지 아닌지 알 수 없습니다. 반면 책 대화를 하게 되면 읽기 전 단계에서는 아이가 스스로 책을 선택하고 고를 수 있습니다. 읽기 중에는 오늘과 내일 읽어야 할 책의 분량을 가늠해 보고 계획을 세우는 등 메타 인지적 전략도 활용됩니다. 읽기 후에서는 등장인물의 감정을 살펴보고 나라면 어떻게 했을지 돌아보거나 책 속 다양한 상황 속에서 가능한 선택과 방법을 생각해 보는 등 많은 활동이 가능합니다. 이는 자기 성찰과 자기표현의 기회가 될 수 있습니다.

책 대화는 아이가 생각하고 표현할 수 있는 능동적인 태도를 이끌어 냅니다. 그뿐만 아니라 의사소통하고 상호 존중하는 사회활동 기술까지 학습하게 합니다. 이로 인해 아이들은 크게 세 가지 내면의 힘을 기르게 됩니다.

첫째, 생각하는 힘

생각하는 힘에는 여러 가지가 있습니다. 뭔가를 기억하고 인출해 내는 것도 생각하는 것이며 내가 잘 읽고 있는지 점검하는 메타 인지를 하는 것도 생각의 일종입니다. 즉 책 대화는 기억(인출), 평가, 비판, 창의 등의 다양한 사고력을 키워 줍니다.

둘째, 질문하는 힘

어린 시절 '질문 대장'이라고 불렸던 고故 이어령 선생님은 '자신만의 멋진 삶을 만들어 가기 위해서는 호기심 가득한 눈으로 세상을 바라보라'고 이야기했습니다. 하지만 문제는 아이들이 질문할 줄 모른다는 점입니다.

책 대화는 기본적으로 질문으로 이뤄집니다. 단순한 회상을 묻는 질문부터 비판하고 창조하고 평가하는 등의 고급 사고력을 키워 주는 질문까지 다양하게 할 수 있습니다. 질문은 어렵고 힘들고, 귀찮은 것이라고들 생각하지만 사실 익숙해지면 질문만큼 좋은 교육은 없습니다.

셋째, 실천하는 힘

책을 다 읽고 나서 주인공의 삶에서 배울 점을 알게 된다면 내 삶에 적용할 수 있지 않을까요? 천적 관계인 올빼미와 두꺼비가 서로 친구가 되는 과정을 그린 동화책《화요일의 두꺼비》의 주인공, 두꺼비 '워턴'은 매우 긍정적이고 낙천적입니다. '성격 덕분에 올빼미에게 잡아 먹힐 위기에서 벗어날 수도 있었겠다' 하는 생각이 들 정도로 말입니다.

만약 아이들이 현실에서 워턴과 비슷한 상황에 놓였다고 가정하면 어떻게 문제를 해결할 수 있을까요? 힘들고 어려운 상황에서 워턴처럼 긍정의 힘을 발휘해 위기를 극복하고자 하고 이를 행동으로 옮길 수 있다면, 그게 바로 독서의 힘이자 쓸모가 아닐까 합니다.

이 세 가지 힘은 자기 주도성의 근간이 됩니다. 자기 주도성은 따로 길러지고 키워지는 게 아니라 아이들이 살아가는 일상을 바탕으로 키워집니다. 아이의 마음과 생각을 자라게 하는 가정 독서 교육의 핵심으로 책 대화를 강조하는 이유이기도 합니다.

선택받아 본 아이가
선택할 줄도 압니다

"이 책 재미있다고 하던데 읽어 봐."

넌지시 아이의 책상 위에 책을 두고 나왔습니다. 유명한 문학 공모전 대상작이라 아이가 읽어 봤으면 하는 은근히 바람을 담아서 말이죠. 그런데 하루, 이틀, 사흘…. 책상 위에 책이 그대로 있는 걸 보고 실망한 적이 있습니다. 특히 아이가 고학년이 되니 제가 권하는 책을 읽지 않으려고 하는 것도 봤습니다. 그때마다 속상하고 실망한 마음에 불편한 감정을 드러내면 아이는 아이 나름대로 자기가 고른 책만 읽겠다며 고집을 피웠습니다.

시작은 '같이 읽자'로,
자기 선택 경험

책 대화를 권장하면 많은 부모님이 "이제까지는 읽으라고 하기만 했는데, 어떤 말로 같이 읽자고 해야 할까요?"라는 질문을 합니다. 책 대화를 시작하는 것은 어렵지 않습니다. 평소의 모습을 반대로 하면 됩니다. 저와 제 자녀의 경우를 예로 들면 이런 식으로 말이지요.

"우리 무슨 책 읽어 볼까? 네가 골라서 가져 와!"

아이에게 책 선택권을 주는 것입니다. 위에서 아래로 흐르는 물을 아래에서 위로 흐르게 하는 듯한 역발상이라고 보면 됩니다. 제 아이는 싫다는 표현 대신, 잠시 생각을 하더니 이렇게 되물었습니다.

"정말 내 마음대로 골라도 돼?"

대화의 물꼬를 틀 때 "엄마가 읽었으면 하는 책을 네가 골라서 가져올래?"라고 물어보는 것도 효과적입니다. 아이에게 선택권을 주는 순간 일방적이 아니라 상호 작용적인 독서가 시작됩니다. 아이는 자신이 고른 책에 더 큰 관심을 두고 독서에 참여합니다. 만약 권장 도서나 누가 추천해 준 책으로 한다면 약간의 거부감이 동반될 수 있습니다.

이때 자녀가 부모의 기준에 들지 않는 책을 가져오더라도 "이 책은 너무 쉬워" "이건 만화라 별로야"라는 평가는 잠시 미뤄야 합니다. 중요한 것은 '왜 그것을 선택했는지'를 묻는 일입니다. 예를 들자면 이런 식입니다.

· 왜 이 책을 골랐어? 어떤 점이 재미있었어?

· 엄마(아빠)가 잘 읽을 수 있을까?

· 너는 언제 읽을 거야?

아이의 선택에 대한 점검이 아닌 이 책을 읽어야 할 독자의 측면에서 대화를 건네야 합니다. 자기의 선택이 인정받고 존중받는 경험을 해야 자신감을 가지고 다음번에는 더 신중하게 선택할 수 있기 때문입니다.

제 딸도 처음 책 대화를 할 때 장난식으로 책을 골라 왔습니다. 만화책을 가지고 왔을 때 내심 '책 대화는 망했다'라는 생각이 들었지만 숨겼습니다. 엄마를 떠보려는 심산이었거나 '이렇게 하면 엄마가 책 읽자고 안 하겠지' 하는 마음이지 않았을까 하고 짐작합니다. 그때 제가 선택한 방법은 이것이었습니다.

"만화책을 한번 읽고 싶었는데. 네가 이 책을 골라서 정말로 엄마가 읽게 되네. 엄마가 사실은 만화책을 잘 못 읽는데 이거 큰일이야. 도전해서 읽어 볼게."

실제로 저는 아이의 만화책을 잘 못 읽습니다. 만화책의 구성에 익숙하지 않아 눈알이 뱅글뱅글 도는 것 같거든요. 아이는 글이 많은 책을 읽을 때 그렇게 되는데, 상황이 역전되니 깔깔거리며 웃었습니다. 엄마도 자신이 경험한 것처럼 엄마가 어려워하는 책을 읽어 보라며 좋아했죠. 저는 그렇게 아이와 책 대화를 시작했고 아이는 그다음부터 재미있게 읽은 동화책을 가지고 왔습니다.

쉽게 말해 첫 경험에서 아이들이 유연함을 느껴야 한다는 뜻입니다. 아이든 어른이든 어떤 일을 좋아하게 되거나 누군가에게 도움이 되는 순간, 자신감이 생기고 이타적인 면이 생깁니다. 책 대화는 유연한 태도로 아이에게 그러한 경험을 시켜 줄 수 있는 기회입니다. 아이가 직접 책 고르는 것에 만족을 한다면 그다음부터는 아이 한 번, 부모님 한 번씩 번갈아 책 선택을 해 보면 좋습니다.

책 선택이 이뤄졌다면, 부모와 자녀가 함께 같은 책을 언제, 얼마만큼 읽어야 하는지에 관한 책인지에 관해서도 계획을 세워야 합니다. 이때는 다음과 같은 질문을 던져 아이가 먼저 기한이나 순서를 정하게 하는 편이 좋습니다.

· 이 책은 언제까지 읽어 볼까?

· 네가 먼저 읽을래, 엄마(아빠)가 먼저 읽을까?

“저는 토요일까지 읽을래요” “제가 먼저 읽고 엄마(아빠)가 읽어 보세요” “엄마(아빠) 먼저 읽어요” 같은 대답이 나온다면 성공입니다. 누가 먼저 읽을지, 언제까지 읽을지, 어떤 활동을 염두에 두고 있을지를 미리 고민하는 것은 스스로 책을 선택하는 것만큼이나 능동적인 활동입니다. 이러한 경험은 스스로 학습에 대해 계획을 세우고 목표를 지속하는 힘, 즉 자기 주도력 형성의 기반이 됩니다.

묻는 아이는
묻히지 않습니다

러시아의 대문호 레프 톨스토이Leo Tolstoy가 '인간은 왜 사는가?'에 관한 답을 동화 형태로 적은 책《사람은 무엇으로 사는가?》에는 아주 의미심장한 질문 세 가지가 나옵니다.

'사람 속에는 무엇이 있는가?'

'사람에게 주어지지 않은 것은 무엇인가?'

'사람은 무엇으로 사는가?'

대답하기 만만치 않지만 이러한 의문은 우리가 삶을 성찰할 수 있도록 돕고 무엇이 중요하고 중요하지 않은지 명료하게 알 수 있도록 해 줍니다. 방향키를 잃지 않으려면 내가 어디로, 어떻게, 왜 가야 하는지에 대한 질문을 던져야 하기 때문이지요.

책 대화를 하면서 제가 아이에게 가장 바란 것은 스스로 생각하면서 살아가는 자세를 가졌으면 하는 것이었습니다.

"친구도 하니까 저도 했어요."

"얘가 하라고 해서 했어요."

"왜 그런 행동을 했는지 잘 모르겠어요."

부모가, 또래 친구가, 주변 사람들이 아이에게 생각 없이 하는 말과 행동이 그 아이의 삶을 위기에 빠뜨리기도 합니다. 친구가 하자고 해서 위험한 장난이나 무모한 도전을 하다가 큰 사고를 겪기도, 유행에 휩쓸려 충동적인 소비를 해 금전적 손해를 입기도 합니다. 비난에 대한 두려움 때문에 다수의 의견을 따르다가 나중에 후회하는 상황을 겪을 수도 있습니다.

그러니 항상 스스로에게 질문을 던지며 성찰하고 나아갈 길을 닦아야 하는데, 이러한 능력은 하루아침에 생겨나지 않습니다. 질문을 만들어 보고, 궁리하고, 탐색하고, 답을 찾아가는 과정을 습관적으로 해 본 사람만이 가능합니다.

책 대화는 이러한 질문하는 능력을 길러 줍니다. 기본적으로 부모와 아이가 질의응답하는 활동이기 때문입니다. 부모와 아이가 어떤 질문을 설정하느냐에 따라 답변의 폭도, 상상의 폭도 달라집니다. 만약 책을 읽고 다 읽었다며 덮어 버리면 남는 게 있을까요? 책 속 주인공의 행동과 내 행동을 비교해 보고, 그 행동의 옳고 그름을 따져 보고, 나라면 어떻게 했을지 추리해 보고, 그 행동으로 인해 어떤 효과가 생길지 가늠해 보는 모든 활동은 질문을 기반으로 하고 있습니다.

최근에 아이들과 초등학교 수영부 아이들의 고락과 성장기를 담은 《5번 레인》이라는 소설을 읽었습니다. 초등학교 5학년이 읽기에는 제법 두꺼운데, 처음 이 책을 본 아이들은 "저는 긴 글을 못 읽어요" "어려울 것 같아요"라며 부정적인 반응을 보였습니다. 그런데 다 읽고 온 다음에는 "왜 제목이 5번 레인인지 궁금했어요" "친구들과 경쟁할 때 어떤 마음으로 해야 할지 고민이 됐어요" 등 책을 읽고 떠오른 수많은 궁금증을 이야기했습니다.

글을 꼼꼼하게 잘 읽었을 경우 마음속에는 다양한 질문이 떠오릅니다. 아이들은 이를 밖으로 표출해서 자기만의 정답을 찾아가게 됩니다. 가정에서 이러한 과정을 자연스럽게 알려 줄 수 있는 활동이 바로 책 대화입니다.

책 대화를 할 때 이러한 자기 탐색 과정을 쉽게 유도할 수 있는 방법이 바로 '저자에게 질문하기' 활동입니다. 책을 쓴 작가의 입장에서 생각해 보도록 질문을 던지면 아이는 더욱 이야기에 집중할 수밖에 없고, 이러한 질문 활동이 쌓이면 혼자서도 스스로 묻고 답하는 과정을 저절로 거치게 되기 때문입니다. 다음은 부모님들에게 추천하는 저자에게 하면 좋을 질문입니다.

- 저자는 이 책을 통해 말하고자 하는 내용은 무엇일까?
- 내가 저자라면 마지막 장면을 어떻게 썼을까?
- 저자가 가장 마음에 드는 장면은 무엇일까?
- 주인공의 말과 행동을 통해 전하려는 메시지는 무엇일까?

이때 주의해야 할 점은 책 내용을 얼마나 기억하는지가 아니라 저자의 마음에 공감하며 글을 이해하는 데 중점을 둬야 한다는 것입니다. 책 대화는 정답을 찾는 과정이 아니라 자기만의 답을 찾아가는 시간이기 때문입니다.

질문하기 활동은 아이가 질문에 익숙해지도록 만들어 질문하는 것을 어렵지 않게 만들어 주고, 단순히 활자를 읽는 것을 넘어 왜 이 대사와 문장이 쓰였는지 깊이 생각하는 사고력을 키워 줍니다. 또한 이를 바탕으로 이야기의 흐름 전체를 보는 시각, 즉 통찰력을 길러 줍니다. 따라서 질문하는 능력은 자기 주도적 사고력의 핵심이나 다름없습니다. 스스로 묻는 아이는 이미 책을 넘어 세상과 대화하는 법을 배우고 주도적인 삶을 살아갈 준비가 돼 있는 셈이지요.

알고 있는 것을
알릴 수 있습니다

생각을 말로 끄집어냈을 때 더 명료해진 경험을 한 적이 있나요? 친구에게 복잡한 여행 계획을 설명하거나 누군가에게 들은 이야기를 전하기 위해 말을 꺼내면 그제야 머릿속에서 막연했던 내용들이 논리적인 순서를 갖추게 되는 것처럼 말입니다. 또는 어떠한 단어를 머릿속으로 알고 있다고 생각했지만 막상 설명하려고 하면 잘 떠오르지 않아 말하기 힘든 경우가 있습니다. 이때 사전이나 책에 적힌 그 단어나 개념의 뜻을 소리 내어 읽고 나면 뚜렷해지곤 하지요. 여기서 부모님들은 잠깐 돌이켜 봐야 합니다. 혹시 우리는 "책을 많이 읽어야 해"라며 책 읽기를 강조하면서 정작 아이들이 책의 내용을 제대로 이해할 기회를 주지 못하고 있는 건 아닐까요?

책 대화의 목표 중 하나는 내가 어떻게 표현하고 느끼는지를 알아차리고 깨달은 것을 나의 언어로 더 명료하고 분명하게 하는 것입니다. 이는 아이에게 삶을 살아가는 데 필요한 자기 의사의 분명함과 표현력을 키워 줍니다.

아이들과 독서 수업을 하면서 저는 책을 읽고 느낀 소감을 '자신의 말로 이야기할 수 있어야 한다는 것'을 강조합니다. 외워서 대답하거나 옆의 친구가 이야기한 것을 그대로 답습하지 않고 내 말로, 내 마음으로 솔직하게 말해 달라고 말합니다. 그래야 책 대화의 재미를 느낄 수 있기 때문입니다. 이를테면 "같은 의견이에요"라고 말하는 아이에게는 "아니, 그래도 네 말로 들려줘"라고 다시 요청합니다.

스스로의 언어로 설명할 수 있고 이야기할 수 있을 때 비로소 그것에 대해 '알고 있다'라고 말할 수 있습니다. 머릿속에 지식을 넣는 것을 넘어, 그 속에 든 것을 다시 끄집어낼 수 있을 때 진정한 배움이 이뤄졌다고 볼 수 있다는 뜻이지요. 3학년 수업에 자주 활용한 책, 판타지 성장 동화 《마법의 설탕 두 조각》을 예로 들어 보겠습니다.

주인공 '렝켄'은 자신이 해달라는 것마다 들어주지 않는 부모님에게 불만을 품고 요정을 찾아갑니다. 요정은 렝켄에게 부

모님의 키를 반으로 줄어들게 만드는 마법의 설탕 두 조각을 건
네줍니다. 이 설탕을 엄마, 아빠가 마시는 차에 넣으면 렝켄의
말에 반대할 때마다 반으로 작아진다면서 말이지요. 렝켄은 요
정의 말대로 설탕을 사용했다가 혼란에 빠지지만, 결국은 부모
님의 사랑과 가족의 소중함을 알게 됩니다.

아이들도 렝켄처럼 부모님에게 불만을 가진 적이 있기에
무척 공감하며 재미있게 읽은 책이었습니다. 그래서인지 읽고
나면 함께 나눌 이야기가 무척 많아지고 풍성해졌는데, 예를 들
면 이런 식이었습니다.

선생님: 여러분이 렝켄이라면, 부모님이 마시는 차에 마법의
설탕을 넣었을까요?

아이 1: 네, 저는 넣었을 것 같아요. 엄마 아빠가 반으로 작아
지고 제 말을 들어야 하는 입장이 되면, 그제야 제가
얼마나 불만이었는지 알게 될 것 같거든요.

아이 2: 하지만 진짜 부모님이 개미만큼 작아진다면 어떡할래
요? 도움이 필요할 때는요?

아이 1: 음…. 그건 생각을 못 했어요.

선생님: 그럼? 마법의 설탕을 안 넣을 친구도 있어요?

아이 2: 저요. 부모님께 불만이 있긴 하지만 꼭 마법으로 해결

해야 하는 건 아니라고 생각해요. 솔직하게 말해 보는

방법도 있으니까요.

아이 1: 그래도 그런 방법이 잘 안 통할 때는 어쩌죠? 그래서

마법을 쓰는 거 아닐까요?

아이 2: 그래도 먼저 이야기해 보는 게 좋을 것 같아요. 시도는

해 봐야죠.

아이 1: 그럼 저도 먼저 말해 보고, 그래도 안 되면 그때 설탕

을 쏠래요! 솔직히 저도 마법으로 해결하는 건 조금 위

험해 보이거든요.

이때 이야기를 나누며 아이들 스스로도 미처 몰랐던 속마음을 발견하게 됩니다.

"자기 마음대로 할 수 없다고 느낀 렝켄의 마음이 저랑 똑같아서 재미있게 읽었어요."

"그래도 엄마, 아빠가 반으로 키가 줄어드는 마법은 좀 무서울 것 같아요."

"마지막에 렝켄 부모님이 렝켄을 조금 더 잘 이해하게 돼서 좋았어요."

"저도 부모님께 불만이 많지만 그래도 부모님을 줄어들게 하는 마법을 쓰는 건 별로예요."

자신이 가진 불만과 그러한 상황에 놓였을 때 어떤 선택을 했을지, 왜 그랬을지 상상한 내용을 자기 목소리로 말하며 자신의 진짜 마음을 알아차리는 경험을 하는 것입니다.

책 대화는 내 안의 진짜 목소리를 들어보는 활동입니다. 생각하고, 표현하고, 곱씹는 성찰의 과정이야말로 아이에게 삶의 주인이 되는 경험을 선사합니다. 이는 초·중학생 때 또래 관계에서 논리적으로 자신의 경계를 설정하는 데, 나아가 삶의 가치관을 세우는 데도 영향을 미칩니다.

06

계획이 틀어져도
당황하지 않습니다

아이들과 사회 수업을 할 때였습니다. 다양한 세계의 가옥에 관한 내용이어서 보여줄 자료가 많았습니다. 영상 자료까지 야심 차게 준비했는데 그날 교실 컴퓨터가 고장 나서 아무것도 작동하지 않았습니다.

어떤 아이들은 이 상황을 재미있어했고. 또 어떤 아이들은 수업을 이어나가지 못할 수도 있다는 생각에 들떴습니다.

"선생님! 우리 수업 못하나요?"

"신난당!"

한마디씩 하는 아이들에게 저는 당황하지 않고 이렇게 말했습니다.

“선생님에게는 플랜 B, C, D가 있단다.”

그날 저는 준비한 자료는 과감하게 다음으로 넘기고 영상을 만든다고 가지고 있었던 책과 실물 자료를 보며 이야기를 나눴습니다.

컴퓨터 없이도 수업이 잘 이뤄졌습니다. 교사 생활을 돌이켜보면 이런 돌발 상황이 참 많았습니다. 신규 교사였을 때는 우왕좌왕했는데 시간이 흐르고 경력이 쌓이면서 노련하게 대처할 수 있었습니다. 이는 학교 밖으로 나와 강사로 활동하면서도 큰 도움이 됐습니다. 어떤 일이 생겨도 당황하지 않는 나만의 문제 해결 능력이 생긴 것이지요. 많은 돌발 상황과 이를 해결한 경험이 큰 자산이 된 셈입니다.

문제를 객관적으로 보게 하는 비판적 사고 경험

우리 아이들도 살아가면서 비슷한 상황에 놓이지 않을까요? 그렇다면 경험이 적은 아이들은 그때 어떻게 잘 대처할 수 있을까요? 모든 문제 상황에 대한 직접 경험을 통해 능력치를 높일 수는 없는 노릇입니다. 대신 이를 간접적으로 경험할 수는 있습니다. 독서를 통해 책 속 인물이 놓인 상황을 보고 배우는 것이지요.

특히 아이가 가장 편히 말할 수 있고 가장 많은 시간을 보내는 가정에서 이러한 경험을 하기 쉽습니다. 이를 위한 활동이 바로 책 대화입니다. 등장인물의 말과 행동을 바라보며 또는 그의 입장이 돼 "그건 옳았을까?" "나 같으면 어떻게 했을까?" "다른 방법은 없었을까?" "왜 주인공은 그렇게 했을까?" "그 선택은 어떤 다른 상황을 불러왔을까?" 등 문제의 원인과 결과를 추리하고 최선이 무엇인지, 현명한 선택은 무엇인지를 비판적으로 생각하는 활동이 곧 해결법을 도출하는 과정이기 때문입니다. 대화가 없으면 이런 질문은 생각하지도, 답변하지도 못합니다.

문제 해결 능력을 기르는 책 대화에 특히 추천하는 도서는 다양한 역사 동화입니다. 주인공이 일생일대의 선택의 기로에 서는 경우가 많기 때문입니다.

예를 들어 삼국시대 중 백제를 배경으로 한 《백제의 최후》라는 동화는 백제의 평민 소년 '석솔'이 먹고사는 현실적 어려움 속에서도 우연히 백제의 왕자와의 인연을 맺게 되고 백제의 마지막 순간을 목격하는 이야기입니다. 주인공 석솔이 백제 멸망의 비극을 온몸으로 겪으면서 어떤 선택과 마음으로 이 상황을 받아들이는지에 대해 아이들과 나눌 이야기가 많은 책이었습니다.

일제강점기를 배경으로 한 《503호 열차》는 조선인들이 일제에 의해 연해주에서 중앙아시아로 강제 이주당한 비극을 다룬 작품으로, 절망 속에서도 꺾이지 않는 생명력과 인물들의 강인한 정신을 그려낸 수작입니다. ‘무슨 일이 벌어졌나?’ ‘이를 현명하게 해결할 수 있는 방법은 무엇일까?’ ‘이 행동이 다른 사람에게 악영향을 줄 수 있을까?’ 등의 질문으로 비극적인 현실 앞에서 책 속 인물의 마음과 어떤 결정을 하는 것이 옳은지에 대해 아이들과 함께 추체험할 수 있었습니다.

주인공의 험난한 서사와 결정 과정에 이입하는 책 대화는 미처 대비하지 못한 불운과 힘든 삶의 여정을 지혜롭게 극복하고 헤쳐 가는 방법에 대해 부모와 아이가 생각을 나누는 시간이 됩니다. 이때 부모님들만의 노하우를 알려 줄 수도 있습니다.

문제 해결을 위해 사고하는 과정, 이를 바로 비판적 사고 경험이라고 합니다. 문제 해결과 비판적 사고 경험은 떼려야 뗄 수 없는 불가분의 관계입니다. 문제 상황을 정의하고 분석하지 않고서는 문제를 해결할 수 없기 때문입니다. 이는 삶의 고난을 딛고 일어서는 힘의 원천이 됩니다.

책 속 인물의 행동을 따져 보고, 자신의 입장과 가치로 판단해 보는 경험은 문제를 만났을 때 누군가의 답을 기다리는 아이가 아니라 스스로 묻고 판단할 줄 아는 아이로 성장하게 만듭니다. 그 아이가 바로 자기 주도적인 사람이며, 스스로 사고하고, 실행하는 힘이야말로 책 대화가 주는 큰 선물입니다.

　　　　　　　　　혼자서도 잘하는 아이의 독서법

07

기분이 태도가
되지 않습니다

20년 동안 교단에 서면서 다양한 면모의 학생들을 만났습니다. 그중 몇몇은 학교생활에 적응하지 못해 힘들어했습니다. 조금의 불편함도 못 참고 작은 상황에도 욱하는 아이, 매일 울면서 등교하는 아이, 생각대로 되지 않으면 참지 못하고 주먹부터 내지르거나 소리를 고래고래 지르는 아이, 화가 나면 교실 밖을 뛰어 나가는 아이….

이 아이들의 공통점은 바로 감정 조절에 미숙하다는 것이었습니다. 더 구체적으로는 자신의 현재 감정이 무엇인지조차 느끼지 못할 정도로 둔감했고, 타인의 감정을 읽는 것에 서툰 면이 있기도 했습니다.

보통 모둠 활동을 할 때 갈등이 많이 일어났습니다. 기본적으로 모둠 활동은 어렵습니다. 일곱 빛깔 무지개처럼 다채로운 아이들이 모여서 다채로운 생각을 말하지만 결국 한두 개의 의견으로 모아져야 하기 때문입니다. 신문 만들기 수업이라면 신문 제목을 정하는 것부터 어떤 섹션을 누가 맡을지, 어떻게 꾸밀지, 누가 발표할지 등 분담해야 할 많은 일이 있는데 그때마다 친구들과 의견 충돌에 감정을 참지 못해 자신뿐만 아니라 모둠원들도 난처해지는 상황이 되곤 했습니다.

소중한 관계를 잃지 않도록, 감정 조절 경험

감정 조절이 힘든 아이들은 교우 관계를 포함해 학교생활 전반이 어려울 수 있습니다. 물론 경우에 따라 전문적인 치료나 상담이 필요할 때도 있지만, 일상에서 부모가 해 줄 수 있고 지속 가능한 방법 중 하나가 바로 책 대화입니다. 책 속 인물의 감정과 상황을 함께 이야기하다 보면 아이가 자신과 타인의 감정을 조금씩 이해하게 되고, 그것이 곧 감정 조절의 출발점이 되기 때문입니다. 책 대화를 통한 감정 조절 경험은 세 단계로 이뤄집니다.

1단계: 감정 어휘 알려 주기

많은 아이가 자신의 감정을 언어로 표현하지 못합니다. "기뻐요" "멋져요" "최고예요" 대신 "대박"이라는 말로만 모든 좋은 상황을 표현합니다. "서운해요" "화나요" "억울해요" 같은 감정에 대한 어휘력이 부족하니 짜증스러운 표정을 짓기도 합니다.

책 속 등장인물의 감정은 비슷해 보여도 다양하게 묘사됩니다. 예를 들면 '기분 좋다'도 '신난다' '즐겁다' '행복하다' '흐뭇하다' '뿌듯하다' 등 여러 단어로 쓰입니다. 인물의 감정을 묻는 책 대화로 나의 기분을 드러낼 여러 어휘를 배울 수 있습니다.

2단계: 감정 물어보기

책 속 인물의 감정 곡선은 높아지고 낮아지기를 반복합니다. 부모가 "이 인물의 마음은 어떤 기분일까?" "그 마음을 다른 말로 표현할 수 있을까?"라고 묻는 순간, 아이는 인물이 그 상황에 어떤 감정을 느낄지에 대해 생각해 보게 됩니다.

이러한 경험은 상황에 따라 자신의 감정이 어떻게 변화하는지 알아차리는 데 중요한 역할을 합니다. 감정을 기쁨이나 즐거움, 짜증이나 분노처럼 언어로 명확히 인식하는 순간, 아이는 폭발적인 행동을 멈추고 잠시 생각할 시간을 가질 수 있습니다. 충동적인 반응에 잠깐 멈춤 버튼을 누르는 셈이지요.

3단계: 감정 표현의 결과 묻기

책 대화 중 부모가 "주인공은 어떤 방법으로 기분을 표현했을까?" "그 방법이 도움이 됐을까?"라고 묻는다면 아이는 이야기 속 주인공이 감정을 어떻게 조절했는지에 따라 결과가 달라진다는 점을 배울 수 있습니다.

예를 들어, 친구에게 화가 나서 소리를 지른 주인공에게는 "그렇게 소리를 질렀을 때 네 마음은 후련했어도 친구의 마음은 어땠을까?"라고 묻고, 이야기 속 주인공이 슬픈 감정을 일기장에 차분히 쓰며 해소했다면 "일기를 쓰고 나니 마음이 조금 가벼워졌을까?"라는 식으로 물을 수 있습니다. 이렇게 아이 스스로 감정 해소 방법의 효과를 분석하도록 유도하는 단계까지가 바로 감정 조절 경험입니다.

책 대화를 통해 감정 어휘를 익히고 나의 감정을 인식하고, 현명하게 조절하는 방법 등을 배울 수 있습니다. 최근에는 이러한 감정을 다룬 사회성 훈련 책이 많이 나오고 있는 것도 아이들이 감정을 잘 못 다루고 있다는 뜻이라고 봅니다.

요즘 아이들은 디지털 기기 사용 시간은 늘고, 또래와의 직접적인 상호 작용은 줄어들면서 자연스럽게 감정을 표현하고 조절하는 경험이 부족해지고 있습니다. 게다가 빠른 자극에 익숙해져 즉각적인 만족을 원하다 보니, 기다림이나 좌절을 견디는 힘도 약해지고 있습니다. 학교 현장에서도 사소한 갈등에도 쉽게 분노하거나 위축되는 아이들이 늘고 있는데, 이는 감정 경험의 폭이 좁고 표현 방식이 미숙하기 때문입니다.

실제로 경제협력개발기구OECD의 '사회·정서적 기술 조사SSES'에 따르면 한국의 15세 학생들이 10세 학생들보다 스트레스 저항력·감정 조절 능력이 낮게 나타났고, 이러한 하락 폭이 다른 도시들보다 더 컸습니다. 갈수록 대면 접촉이 줄어드는 시대라 아이들에게 이러한 감정 조절 능력이 점점 퇴색되고 있다는 것을 느낍니다. 책 대화를 통해 아이는 자기 감정을 알아차리고, 그 감정을 스스로 다스리는 방법을 배우면서 자기 주도적인 삶을 살아갈 수 있습니다.

이제 자기 주도성을 키우는 핵심 도구인 책 대화 방법을 본격적으로 알아볼 차례입니다. 하지만 그에 앞서 반드시 염두에 둬야 할 점이 있습니다. 부모의 좋은 의도와 달리, 책 대화는 아이의 비협조나 예상치 못한 반응 때문에 생각보다 어렵고 마음처럼 풀리지 않는 경우가 많습니다. 먼저 아이와 부모 모두에게 의미 있는 성장을 가져다줄 책 대화의 정의와 함께, 대화 시 주의점 및 되새겨야 할 태도에 대해 구체적으로 살펴보겠습니다.

2장

책 대화, 이것만은 반드시 알아 두세요

08

독서 지도와
독서 대화는 다릅니다

책 대화는 크게 시간과 장소, 읽을 책을 정하는 1단계, 함께 대화하는 2단계, 다음 책 대화 계획을 나누는 3단계로 진행됩니다. 단 실행하기 전 부모님 또는 선생님이 수시로 상기해야 하는 주의점들이 있습니다. 저는 문해력 강의에서 부모님들에게 종종 이런 질문을 던집니다.

"자녀를 위한 독서 목표가 있으신가요?"

순간, 강의실은 조용해집니다. 아이의 독서 목표를 생각해본 적이 없었던 분이 많기 때문이지요. 책 대화를 하고 싶은 부모님들이 가장 먼저 할 일은 '왜 이 시간을 갖는가?'를 스스로 물어봐야 한다는 것입니다. 어떤 목표를 정하느냐에 따라 지금 당장 해야 할 교육의 방향과 내용이 달라지기 때문입니다.

예를 들어 엄마표 독서 지도는 자녀가 글을 잘 읽고 잘 쓸 수 있도록 가르치기 위해, 더 나아가 학업에 도움을 주기 위해 이뤄집니다. 부모가 주체가 돼 아이의 독서 습관을 관리하고, 질문하기·요약하기·쓰기 활동 등으로 읽은 내용을 생활에 활용하도록 돕는 방식입니다. 실질적으로는 국어 실력 향상이나 교과 확장 학습의 효과를 보는 데 목적이 있지요.

지도는 가르치는 것, 대화는 함께하는 것

책 대화를 할 때는 어떤 목표를 가져야 할까요? '대화'라는 단어에서 유추할 수 있습니다. 우리는 왜 대화를 나눌까요? 그 사람의 생각과 감정을 알고 싶기 때문입니다. 상대방에게 공감하고, 그를 지지하고 위로하기 위해서이며, 그와 나의 의견을 알아보고 조율하거나 다양한 의견을 받아들여 내 세상을 넓히기 위해서입니다.

책 대화도 이에 기반합니다. 국어 성적을 올리기 위해, 어휘력을 높이기 위해, 독해력을 위해서가 아니라 아이의 생각과 느낌을 알고, 공감해 주고, 지지해 주고, 연대해 주기 위한 활동입니다. 즉 책 대화는 아이의 내면 성장을 향하고 있습니다.

     혼자서도 잘하는 아이의 독서법

따라서 책 대화를 할 때는 첫째, 학습을 지도하려 해서는 안 되고 둘째, 아이가 읽은 내용을 잘 기억하는지 확인하는 활동이 아니라는 점을 기억해야 합니다. 마지막으로 자녀에게 바라는 정답이 있다고 해도 그것을 말하도록 유도하지 않아야 합니다.

내면이 건강하고 올바르고 탄탄한 아이는 많은 변화와 자극이 난무하는 이 시대에서 주도적으로 자신의 삶을 개척할 가능성이 더 큽니다. 실제로 인간의 동기와 성격의 상관관계를 설명하는 교육 심리 이론인 '자기 결정 이론self-determination theory'에 따르면, 학습 동기의 원천이 외적 보상보다 내적 동기에서 비롯할 때 학습 지속력과 성취감이 훨씬 높아진다고 합니다. 미래 교육이 향해야 할 방향과 미래 인재에게 필요한 역량을 다룬 'OECD 교육 2030 프로젝트'에서도 감정의 이해와 자기 성찰을 바탕으로 한 학습이 지식의 지속성을 높인다고 강조했지요.

책 대화는 아이가 느낀 감정과 생각을 언어화하는 경험을 통해 내적 동기를 키우는 활동입니다. 따라서 읽기 정서를 높이는 활동은 '많이 읽게 한다'라는 차원을 넘어, 아이 스스로 읽고 싶어 하고, 읽은 뒤 생각하며 표현하고, 다음 행동으로 이어지는 흐름을 만드는 것으로 볼 수 있습니다.

책 대화를 시작하기 전 학습적인 면이 아닌 아이의 내면 성장을 위한 목표를 설정해 보세요. 그래야 책 대화를 할 때 배운 게 무엇인지에 몰입하지 않고 아이와 오래, 꾸준히 할 수 있기 때문입니다. 혹시 지금 아이에게 대화 대신 지도를 하고 있지 않은지 스스로에게 이렇게 물어보기 바랍니다.

"내 자녀를 위한 독서 목표는 무엇인가?"

책 대화는 무조건 편안한 방법으로

이후 언제, 어디서, 무슨 책으로, 어떤 방법으로 할 것인가에 대한 계획이 필요합니다. 아이와 같은 책을 읽고 나누는 책 방식이다 보니 자주 하기는 부담스러울 수 있습니다. 제가 권하는 방식은 2주에 한 권, 한 달에 한 권을 읽는 것입니다. 또는 매월 1일에 책을 선정하고 읽기를 한 후, 같이 이야기를 나누는 방식도 좋습니다. 중요한 점은 아이와 부모가 부담을 갖지 않고 꾸준히 할 수 있는 방법을 찾는 것입니다.

꼭 어느 요일, 어느 시간, 어느 공간에서 해야 한다는 규칙은 없지만 날짜나 장소를 특정해 두고 실천한다면 아이에게도 독서 루틴routine을 만들어 줄 수 있다는 점에서 추천합니다.

먼저 아이와 함께 구체적인 날짜를 정해 봅시다. 매주 금요일에 가족과 책 대화를 한다든지, 아니면 매월 마지막 주 토요일 저녁 등으로 일정한 계획을 세워 보세요. 꾸준히 할 수 있는 힘이 생길 것입니다. 지속적인 책 대화는 부모와 자녀의 좋은 가족 독서 문화가 자리 잡기도 합니다.

또 아이의 상황에 따라 계획을 조정하기 바랍니다. 다른 아이와 비교하지 않고 아이의 일상, 학업 스케줄, 참여 의사 등을 살펴보고 결정해야 합니다. 책을 읽고 이야기를 좋아하는 아이라면 분명 더 자주 책 대화를 하게 될 것입니다. 아이가 "또 책 읽기야?" "같이 읽는 건 별로야" 등의 반응을 보인다면 과감하게 횟수를 줄이고 천천히 다가가기 바랍니다. 책 대화를 하기 알맞은 때는 아이의 상황에 달렸다는 점을 기억해야 합니다.

다음으로 장소를 정해야 합니다. 이야기를 나눌 공간을 말합니다. 서재화된 거실이라면 거실도 좋습니다. 아이와 가장 편하게 대화를 나눌 수 있는 공간이면 됩니다. 저는 식탁을 그 장소로 정했습니다. 아이와 제가 가장 좋아하는 공간이기도 하고, 밥을 먹으면서 대화했던 친숙한 대화 공간이기도 하기 때문입니다. 그날만큼은 아이가 좋아하는 다과를 준비해 같이 먹으면서 편안히 대화할 수 있는 분위기를 만들어 주기 바랍니다.

익숙한 장소는 행동을 강화하는 데 유리합니다. 가정에서 최적의 장소를 골랐다면 그곳에서 책 대화가 꾸준히 이뤄질 수 있도록 해 주세요. 매번 장소를 바꾸면 오히려 집중력이 떨어질 수 있습니다. 한번 시작한 곳에서 계속하는 것을 추천합니다.

09

어린이책,
얼마나 알고 있나요?

책 대화는 자녀의 수준에 맞는 책을 부모가 함께 읽는 활동입니다. 따라서 책 대화를 준비하는 부모라면 어린이책에 대한 이해가 필요합니다. 어린이책은 크게 인지 발달에 따라 크게 네 가지로 분류할 수 있습니다. 대략 0~6세 대상의 유아 그림책, 7~9세를 독자로 하는 초등 저학년 책, 10~13세를 염두에 둔 초등 중·고학년 책, 13세 이상이 읽는 청소년 문학입니다.

가정에서의 책 대화는 주로 유아기·초등생 자녀와 함께하게 되는데, 이 시기 아이들이 읽는 책은 또 크게 그림책과 줄글책으로 나뉩니다. 이때 함께 읽을 도서는 기본적으로 아이 스스로 읽고 싶은 책을 고르게 하는 편이 좋습니다. 하지만 아이가

"좋아하는 책이 없어요" "재미있어 보이는 책이 없어요"라고 대답하거나 독서에 익숙하지 않다면, 부모가 아이의 입장에서 생각해 읽을 수 있을 만한 책을 제안해야 합니다.

어린이책 보는 안목을 기르는 법

"아이가 책을 못 고르겠대요."

책 대화를 시작하는 부모님이 많이들 부딪히는 첫 번째 난관입니다. 이때는 당황하지 말고 다음과 같은 기준으로 도서를 살피고, 함께 읽기를 제안해 보면 좋습니다.

하나. 아이가 흥미를 느낄 만한 요소가 있는가?

① 아이가 좋아하는 소재(동물, 모험, 과학, 요리, 판타지 등)가 포함돼 있는지 살펴봅니다.

② 아이가 최근 관심을 보이는 주제와 연결된 책을 고르면 책에 몰입하기 쉽습니다.

③ 표지, 삽화, 제목 등 겉모습에서부터 아이가 흥미를 보이는지도 중요한 요소입니다.

④ "재미있겠다!" "나도 궁금해!"라는 반응이 자연스럽게 나오는 책이 좋습니다.

둘. 우리 아이의 읽기 수준에 적당한가?

① 아이가 읽기에 너무 버겁지 않으면서도 적당히 도전할 수 있는 책을 고릅니다.

② 책등에 쓰인 '저학년 문고' '중학년 문고' '고학년 문고'라는 표기를 통해 아이 읽기에 알맞은 시기의 책인지 살펴봅니다.

③ 아이가 한 페이지를 읽는 데 지나치게 오래 걸리거나 이해가 되지 않는 부분이 많으면 수준이 맞지 않는 책입니다.

④ 반대로 너무 쉬워서 금방 끝내 버린다면 성취감은 있지만 대화 거리가 부족할 수 있습니다.

⑤ 적정 수준의 책은 아이가 '읽을 수 있다'라는 자신감을 가지면서도 생각할 거리와 어휘 확장 효과를 동시에 가져다줄 수 있습니다.

셋. 대화를 나눌 만한 요소가 있는가?

① 책 속에 아이가 질문할 만한 장면이나 부모가 묻고 싶은 장면이 있는지를 찾아봅니다.

② 인물의 선택, 사건의 전개, 교훈적 메시지, 현실과의 연결 등 대화 소재가 풍부한 책이 좋습니다.

③ 단순히 재미만 느끼고 끝나는 책보다 아이가 자신의 경험이나 생각과 연결할 수 있는 책을 선택하면 책 대화가 더 깊어집니다.

④ "너라면 어떻게 했을까?" "이 장면을 보니 어떤 기분이 들어?" 같은 질문을 던질 수 있는 책이 이상적입니다.

책 선정은 책 대화의 출발점입니다. 특히 중요한 것은 아이가 흥미로워하고 아이의 수준에 맞는 책을 선택하는 일이라는 점을 기억하기 바랍니다.

책 대화 초보를 위한 연령별 추천 도서

이러한 기준이 주관적이거나 명확하지 않다고 느껴지면 예전에 아이가 읽으면서 좋아했던 책, 같이 읽었던 책을 다시 읽어도 좋습니다. 책 선택에 꼭 지켜야 하는 규칙이 있는 것은 아닙니다. 막막하다면 학년별로 다음과 같은 책으로 먼저 시작해 보세요.

1~2학년

글에 익숙해지기 위한 책 읽기가 병행돼야 하는 때입니다. 따라서 이 시기에는 읽기 후 독서가 아닌 책을 읽어 주며 대화하는 방식을 추천합니다. 여기에는 다양한 그림책이 적합합니다. 그림책은 인물, 사건, 배경이 있는 이야기 그림책, 시로 된

운문 그림책, 지식과 정보를 주는 정보 그림책, 글 없는 그림책 등으로 분류할 수 있습니다.

그림책은 짧지만 깊이 있는 메시지가 담겨 있을 뿐만 아니라 시각적인 요소가 강하기 때문에 쉽게 아이들의 흥미를 끌 수 있습니다. 특히 글 없는 그림책은 그림을 보며 상상만으로 대화를 만들어야 한다는 점에서 자연스럽게 책 대화를 시작하기 좋습니다. 그림책으로 책 대화를 하는 방법은 초등 저학년을 위한 책 대화 방법을 다룬 3장에서 자세히 살펴보도록 하겠습니다.

3~4학년

많은 아이의 읽기 독립이 완성되는 시기입니다. 아이의 관심사를 중심으로 어떤 책을 고를지 이야기를 함께 나눠 보세요. 책 선택권을 줬을 때 고르기 어려워하는 아이들은 어느 정도의 가이드라인이 필요합니다.

이 시기에는 아이들이 다양한 책을 읽는다는 점을 고려해야 합니다. 학교에서는 사회, 과학, 도덕, 음악, 미술, 체육 등의 새로운 교과를 만나기도 해서 교과서 연계 도서를 추천합니다. 예를 들어 2022 개정 교육 과정에 따라 바뀐 3학년 1학기, 과학 교과서의 4단원 '생물의 한살이'에서는 배추흰나비의 한살이에 대해서 배웁니다. 이때, 아이와 함께 읽어 볼 수 있는 흥미로운 책으로 살펴보면 잘 대화할 수 있을 것입니다.

　서로의 생각을 나눌 수 있는 주제가 있거나 찬반으로 토론할 수 있는 내용이 담긴 도서를 추천합니다. 5학년이 되면 두뇌에서 비판적 사고 능력이 싹트기 시작합니다. 이 시기 아이들은 자신의 생각을 표현하고 이야기하기를 좋아합니다. 또한 감정적으로 사춘기에 진입하는 때이다 보니 작은 일에도 불만을 터트리거나 감정이 매우 고조가 되는 경우도 있습니다.

　이때 제안하는 책의 종류는 두 가지로 하나는 역사적 사건을 다룬 그림책입니다. '초등 고학년인데 그림책을 봐요?'라는 의문도 생기겠지만 그림책은 어린아이만 읽는 책이 아닙니다. 어른을 위한 그림책도 있듯 좋은 그림책은 연령에 상관없이 감동과 즐거움을 줍니다. 줄글에 대한 부담감과 학습 스트레스를 받는 시기이므로 오히려 친숙한 그림책을 통해 깊이 있는 대화에 집중할 수 있습니다.

　다른 하나는 사회 문제를 다룬 책입니다. 기후 위기를 다룬 정보 책, 올바른 미디어 사용에 대한 책, 왕따 문제 등을 다루는 이야기책 등을 통해 문제의 원인과 결과에 대해 스스로 질문하고 생각할 수 있는 기회가 생기기 때문입니다. 이러한 경험은 이 시기의 특징 중 하나인 자기 중심적 사고를 극복하고 세상을 조금 더 넓게 조망하는 눈을 키웁니다. 또한 타인의 입장에서 생각하는 공감 능력 향상에도 도움이 됩니다.

10

질문하는 것이
힘들다는 부모님들에게

초등 1학년 교실에서는 "질문 있는 친구 손 들어 볼까?"라고 묻는 순간, 여기저기서 손이 번쩍 올라갑니다.

"구름 모양은 왜 매번 달라요?"

"꿀벌은 왜 윙윙 소리를 내요?"

질문을 들을 때마다 이런 상상력은 어디서 오는지 웃음이 절로 납니다. 그런데 이상하게도 학년이 올라갈수록 이런 질문은 점점 사라집니다. 고학년 수업에서 "질문 있는 친구 있나요?"라고 물으면 대부분 고개를 숙이거나 교사와 눈을 마주치지 않으려 애씁니다. 참 이상한 일이지요. 왜 아이들은 커 갈수록 질문하는 법을 잊어버릴까요? 현장에서 학생들을 지켜본 바로는 세 가지 이유가 크게 작용하는 듯했습니다.

첫째는 정답 찾기 중심의 문화입니다. 세계적인 교육학자 켄 로빈슨Ken Robinson은 "학교는 창의성을 죽인다"라고 비판하며, 획일적인 평가 방식이 아이들의 고유한 생각과 호기심을 억압한다고 지적했습니다. 그렇지만 여전히 우리 교육은 질문보다 '정답을 잘 말하는 아이'가 인정받습니다. 이러한 방식은 질문하는 행위를 '정답을 모른다는 사실을 드러내는 행동'으로 인식하게 만듭니다. 학습의 본질인 탐구보다 수행에 집중하게 해 질문하는 것을 어색하게 만드는 것이지요.

둘째는 자신이 한 질문이 남들과 다를까 봐 두려워하기 때문입니다.

"그 질문은 이상해! 별로야."

"그런 걸 왜 물어?"

이런 질문을 받게 되면 한창 교우 관계에 신경을 쓰는 아이들은 감정적으로 동요하게 됩니다. 심리학에서는 이를 '사회적 동조 압력peer pressure'이라고 설명하는데, 아이들은 친구들이 자신을 이상하게 바라보는 시선에 위축돼 이른바 '튀는 존재'가 되는 것을 피하려 합니다.

셋째, 질문하는 법을 모르기 때문입니다. 책을 읽을 때 아이들은 처음부터 끝까지 조용히 읽기만 합니다. 책과 대화하거나 책을 매개로 다른 사람과 생각을 주고받는 방법을 배우지 못한 채로 성장합니다. '왜?' '만약 이렇게 한다면?' '그래서 어떻게 될까?' 같은 질문을 던지는 훈련이 부족하다 보니, 질문하는 것을 특수한 상황에서만 하는 어려운 행위로 여기게 됩니다. 그 외에는 질문을 장려하지 않은 문화, 질문을 서로 나누는 기회가 부족하다는 점 등이 있습니다.

모든 변화는
질문으로부터

수업에서 책을 읽고, 책 속에 답이 있는 질문과 답이 없는 상상 질문을 만들어 보는 활동을 한 적이 있습니다. 어리둥절해하며 "어떻게 해야 해요?"라고 묻는 아이들에게 직접 시범을 보이며 비슷한 방식으로 해 보도록 하자 아이들의 참여 태도는 달라졌습니다. 시간이 지날수록 질문 만들기에 익숙해졌고 "선생님, 질문 만드는 게 재미있어요!"라고 말하기도 했습니다. 이러한 활동은 생각하는 능력이 훈련과 연습을 통해 얼마든지 길러진다는 것을 보여줍니다.

질문하는 힘도 마찬가지입니다. 타고나는 능력이 아니라 길러지는 힘입니다. 질문은 단순한 호기심이 아니라 사고의 시작입니다. 질문이 없다는 것은 생각하지 않는다는 것과 같습니다. 책 읽기를 통해 조금씩 질문하는 힘을 키워 나간다면, 어느 새 아이는 세상을 새롭게 바라보는 사람으로 성장할 것입니다.

1995년 미국에서 노숙자와 빈민, 수감자들을 대상으로 한 인문학 프로그램이 시작됐습니다. 이 프로그램에서는 정규 대학 수준의 인문학을 무료로 가르쳤고 이로 인해 참가자들의 삶은 눈에 띄게 달라졌습니다. 이것이 바로 유명한 '클레멘트 코스Clemente Course'입니다. 이 프로그램을 만든 사람은 미국의 작가이자 사회 비평가인 얼 쇼리스Earl Shorris입니다. 그의 이 혁신적인 실험은 단 한 가지 질문에서 출발했습니다. 쇼리스는 한 여성 수감자에게 이렇게 물었습니다.

"가난한 사람들이 왜 존재할까요?"

여성은 이렇게 대답했습니다.

"도시에 사는 사람들은 정신적인 삶을 누리지만, 우리는 그렇지 못하기 때문이에요."

이 대화로 쇼리스는 '정신적 삶이 없기에 가난이 존재한다'라는 깨달음을 얻었고, 여기서 새로운 질문이 태어났으며 그로부터 인문학 교육 프로그램이 시작됐습니다. 한 사람의 질문이 세상을 바꾸는 씨앗이 된 것입니다.

비슷한 예는 아주 많습니다. 어린 알베르트 아인슈타인Albert Einstein이 선생님에게 던진 "빛보다 빠르게 움직이면 무슨 일이 생기나요?"라는 질문은 상대성 이론의 씨앗이 됐고, 이로 인해 인류는 우주와 시간의 법칙을 새롭게 이해하게 됐습니다.

"지구가 둥글다면 서쪽으로 가도 인도가 나오지 않을까?"라는 크리스토퍼 콜럼버스Christopher Columbus의 의문이 대항해 시대를 여는 시작점이 되기도 했지요. 이처럼 질문은 우리에게 새로운 문을 열어 주는 열쇠입니다. 아이에게 흔들리지 않는 사고력과 방향성을 길러 주고 싶다면, 질문하는 아이로 자라도록 도와줘야 하지 않을까요?

책 대화 초보를 위한 질문 만드는 법

질문의 중요성을 알고 있어도 실제로 질문을 만드는 것은 쉽지 않습니다. 이 때 가장 좋은 훈련 도구가 바로 책입니다. 책은 아이가 질문을 연습하기에 가장 안전하고 풍요로운 재료를 제공합니다. 이를테면 아이들이 좋아하는 그림책을 읽을 때 다음과 같은 방식으로 질문을 만들어 볼 수 있습니다.

읽기 전 책 표지를 보고

· 이 그림책의 주인공은 누구일까?

· 표지를 보니 어떤 이야기가 펼쳐질 것 같아?

· 표지에서 가장 마음에 드는 부분은 어디니?

혼자서도 잘하는 아이의 독서법

표지는 이야기를 예측하고 상상할 수 있는 첫 단서입니다. 이 단계의 질문은 사전지식을 자극해 아이가 이미 알고 있는 개념을 새로운 이야기와 연결하도록 돕습니다. 이러한 예측적 질문은 독서 흥미를 높이고, 이해도를 향상한다고 알려져 있습니다.

책 내용을 읽으며

· 주인공에게 무슨 일이 일어났을까?

· (구체적인 장면을 가리키며) 이 장면에서 주인공의 기분은 어땠을까?

· 다음 장면에서는 어떤 일이 일어날까?

이 시점의 질문은 인물의 감정, 사건의 인과 관계를 추론하게 하며 비판적 사고와 공감 능력을 함께 기릅니다. 꾸준한 과정 중심의 질문은 이야기 속 세부를 이해하고 자기 생각을 표현하는 힘을 강화합니다.

책을 다 읽고 난 뒤

· 가장 인상 깊었던 장면은 무엇이니?

· 좋았던 점과 아쉬웠던 점은 뭐야?

독서 후 질문은 아이가 전체 내용을 정리하고 자기 관점에서 재구성하게 만드는 단계입니다. 이러한 반성적 질문은 메타인지적 사고를 촉진해, 아이로 하여금 '내가 왜 그렇게 생각했는지'를 돌아보게 합니다. 즉 미래 교육에서 제시하는 '깊은 이해deep understanding'와도 연결되는 부분입니다. 깊은 이해는 중요한 개념을 스스로 탐구하고 자신의 삶과 연결해 반성하는 태도까지 포함하기 때문입니다.

어릴 때부터 부모님과 그림책을 읽고 질문을 만들어 보는 연습을 하면 책 대화는 훨씬 수월해집니다. 많은 아이가 여전히 수동적으로 책을 읽습니다. 질문이 포함된 책 대화는 읽기를 능동적이고 사고 중심적인 활동으로 바꿔 줍니다. 이미 알고 있는 것과 새롭게 배운 것을 연결하는 확실한 독서, 그 출발점이 바로 질문입니다.

　　　　　　　　　　　혼자서도 잘하는 아이의 독서법

11

이성보다 감성에
귀 기울여 보세요

최근 교육계에서는 정서에 대한 관심이 높아지고 있습니다. 자신의 감정을 인식하고 표현하며, 타인의 감정을 이해하는 '사회 정서 학습social and emotional learning, SEL'이 주목받고 있으며, 이와 함께 아이들의 심리 상태를 살펴보는 '읽기 정서'가 새로운 키워드로 떠올랐습니다. 그동안 인지에 비해 상대적으로 간과됐으나 정서가 인지와 상호 작용하는 중요한 요소로 인식된 것이지요. 공부 정서가 강한 아이들이 학습 성과에서 뛰어난 결과를 보여주는 사례를 통해서도 정서와 인지의 밀접한 관계를 엿볼 수 있습니다.

느려도 확실한
흥미 유지 방법

읽기 정서란 '독자가 스스로 느끼는 읽기에 대한 심리적·정서적 반응'이라 볼 수 있습니다. 여기에는 기꺼이 책을 읽고자 하는 마음, 읽기가 중요하다고 느끼는 태도 등이 포함됩니다.

오랜 시간 동안 아이들과 함께 책을 읽으면서 깨달은 점이 있습니다. 읽기 능력이 부족해도 읽기 정서가 매우 높은 아이들이 결국 독서를 지속해 나간다는 것입니다. 반대로 읽기 능력이 뛰어나더라도 읽기 정서가 낮은 아이들은 학년이 올라갈수록 다양한 유혹에 쉽게 빠져들어 책과 점점 멀어집니다.

읽기 정서가 부족하면 글의 의미를 이해하고 감정과 상상력을 통해 이야기를 창조하는, 다양한 읽기 전략을 활용하는 능숙한 독자가 되기 어려워집니다. 독서에서는 단기간의 빠른 읽기 실력보다 끈기 있게 꾸준히 나아가는 이른바 '느림의 전략'이 중요하다는 뜻입니다. 느리더라도 아이 스스로 천천히 생각해 보도록 하는 가정에서의 책 대화는 읽기 정서를 학습하는 데 좋은 효과를 볼 수 있습니다.

대화하기 편안한 장소가 필요해

독서는 뇌의 에너지를 사용하는 행위이므로, 복잡한 마음과 빡빡한 일정 속에서는 편하게 책을 읽을 수 없습니다. 아이에게 책을 읽을 수 있는 시간대를 주고 편안한 장소를 제공하는 것이 중요합니다. 독서 학교를 설립해 제자들을 주체적인 학습가로 키워 낸 미국의 유명한 독서 교육가, 낸시 앳웰Nancie Atwell은 저서 《하루 30분 혼자 읽기의 힘》에서 독서 몰입을 할 수 있는 최적의 시간과 장소에 대해 언급합니다. 최고의 독서가가 되는 방법은 "책 읽는 시간, 편안한 쿠션과 베개 그리고 매일 밤 30분의 독서"라는 전문가의 조언을 곱씹어 볼 필요가 있습니다.

처음에는 매력적인 책을

몇 번이나 강조하고 있지만 읽기 정서를 높이기 위한 또 다른 방법은 아이가 좋아하고 흥미로운 책을 접하게 하는 것입니다. 너무 어렵거나 시시한 책은 아이들의 독서 의욕을 떨어뜨립니다. 아이의 읽기 수준에 맞는 적절하고 관심을 끌 수 있는 책을 제공하는 것이 중요합니다. 그런 의미에서 부모는 그런 책을 찾아 적재적소에 제공하는 책 탐험가가 돼야 합니다. 세상에는 다양하고 멋진 책이 많습니다.

부모들은 책 대화를 하기 전 읽기 정서가 낮아지지 않도록 물리적 환경뿐만 아니라 심리적인 환경도 세심하게 살펴봐야 합니다. 이는 꾸준한 독서 유지 습관과도 연결됩니다. 읽기 정서가 높아질수록 '해야 하니까 하는 독서'가 아니라 '하고 싶어서 읽는 독서'를 하는 것이지요.

이러한 자발성이 초등 중·고학년 이후 자기 주도 학습의 출발점이 되기도 합니다. 책 속에서 느낀 즐거움과 성취감은 다른 학습에도 긍정적인 영향을 주며, 스스로 목표를 세우고 꾸준히 실천하는 힘으로 이어집니다. 읽기 정서를 키우는 것이 아이가 자기 힘으로 배우고 성장할 수 있는 기반을 다지는 일이라는 점을 늘 상기하기 바랍니다.

12

대화의 흐름을
이어가는 치트 키

누군가와 책을 읽고 대화를 나눈다고 생각해 보세요. 크게 고민하거나 어려워하지 않고 이런 식으로 소감을 나눌 것입니다.

"○○ 책 읽어 봤어? 마지막이 반전이었어."

"요즘 ○○ 책을 읽는데 아이의 스마트폰 사용에 대해 새로운 시각을 알려 줬어."

"○○ 책 읽고 눈물이 났어."

아이와 책 대화를 할 때도 마찬가지입니다. 뭔가를 더 알려 준다거나 지적 능력을 키우기 위한 목적으로 책 대화를 시도하면 잘해야 한다는 생각에 사로잡혀 시작하기가 어렵습니다. 부담을 가지기보다 힘을 빼고 시작하면 좋겠습니다.

위기를 넘기는
말 습관

이를 위해 부모님들이 잊지 말아야 할 두 가지 마음가짐이 있습니다. 아이들과 대화하다 보면 종종 예상치 못한 답변이 날아와 말문이 막힐 때가 있는데, 책 대화 초보인 부모라면 다시 대화의 흐름을 이어 나가기 어려울 것입니다. 이 분위기를 부드럽게 만들어 주는 두 가지 마법의 언어 습관을 알려 드리겠습니다.

'틀렸다'라고 말하지 않기

책 대화를 나누다 보면 아이가 엉뚱한 이야기를 전할 때도 있을 것입니다. 무엇을 물어봐도 잘 모르겠다며 건성으로 대답할 수도 있습니다. 그럴 때는 '지금은 책 내용에 대해 천천히 다가가는 시간이 필요하구나!'라고 생각해 주세요. 아이는 아이이기 때문에 엉뚱한 이야기를 할 수가 있습니다. 그럴 때는 차분하게 다시 질문을 하면 됩니다.

저도 한번은 이런 일이 있었습니다. 아이와 등장인물 중 이기적이고 남을 잘 놀리며, 무례한 캐릭터에 관해 이야기를 나눌 때였습니다.

"이 인물의 말과 행동을 보니 어떤 성격인 것 같아?"

제 질문에 아이는 곧바로 대답했습니다.

"재미있는 성격이요."

혹시 아이가 대답을 잘 못하더라도 "아니지, 다시 찾아봐!" "틀렸어! 책 내용에 대해 잘 모르는구나!" 하는 식으로 면박을 줘서는 안 됩니다.

가르치려는 마음이 앞서는 말을 하면 아이는 더 이상 대화를 하지 않으려 합니다. 대신 최대한 비난과 부정적 감정어가 아닌 차분하게 사실을 가지고 다시 물어보는 편이 좋습니다. 이렇게 물어본다면 아이 스스로 자신의 생각을 한 번 더 점검해 보게 됩니다.

책 대화는 서로를 신랄하게 비판하고 가르치는 시간이 아니라 상대방의 생각을 존중하고 이상한 점이 있다면 함께 생각해 보는 시간입니다. 즉시 평가하거나 지적하기보다 존중과 수용의 태도 필요가 요구된다는 점을 잊지 말아야겠습니다.

'그렇구나'로 공감하기

공감은 누군가의 원활한 대화를 하고 싶다면 필수로 갖춰야 하는 마음입니다. 예를 들면 이런 식이지요.

> · 그럴 수도 있겠네.
>
> · 엄마(아빠)는 생각이 조금 다른데….

'선先 공감의 법칙'이라고 해서 아이들끼리 서로 티격태격 싸울 때 사용하는 방법입니다. 저는 서로 생각이 달라서 내 생각이 맞다고 믿는 아이들끼리 대화를 할 때 "그래, 그렇게 생각할 수도 있겠네"라는 말부터 하라고 전합니다. 아주 간단하고 도식적인 말이지만 실제로 이렇게 해 보면 아이들의 다툼 정도가 현저히 줄어듭니다.

이 한마디를 단순한 동의가 아니라 '지금 당장 네 생각을 바꾸라고 요구하지 않겠다'라는 심리적 안정 신호로 받아들이기 때문입니다. 아동 심리학적으로 볼 때, 아이들은 상대방이 내 관점을 최소한 인정한다는 느낌을 받으면 방어 기제를 낮추고 상대의 논리를 들어보려는 이성적인 태세를 갖춥니다. 상대방의 입장을 수용해 다툼이 줄어드는 것이지요.

마찬가지로 자녀와 책 대화를 할 때 아이가 질문에 맞지 않는 말을 하더라도 "그렇게 생각할 수도 있겠네" "너는 그렇게 생각하는구나!"라며 공감해 주는 말을 해 보면 어떨까요? 아이 생각의 옳고 그름을 판단하는 것이 아니라 '너의 입장을 이해한다'라는 마음으로 말입니다.

인디언 속담에 '그 사람의 신발을 신고 걸어 보기 전까지 그 사람을 판단하지 마라'는 말이 있습니다. 공감의 중요성을 뜻하는 격언으로, 이를 아이와 대화하는 상황에 대입하면 아이의 행동이나 말이 난감하거나 당황스럽더라도 아이의 입장에 서서 왜 그런 답변이 나왔는지에 대해 상상해 보라는 뜻으로 해석할 수 있습니다. 쉽지 않겠지만 양육자의 따뜻한 태도가 아이 마음의 문을 열 수 있습니다.

책 대화의 목적은 능숙하게 잘 말하거나 똑똑하게 이야기를 전달하게 하는 것이 아닙니다. 부모와 자녀 간의 서로를 이해하는 정서를 회복하는 데, 아이의 자기 주도 능력을 키우는 데 목적이 있습니다.

13

책의 종류만큼
대화법도 다양합니다

책에 따라, 우리 아이의 관심사에 따라 책 대화의 진행 방식은 달라집니다. 저는 처음에 대화에 필요한 질문 활동지를 만들어 제공했는데, 오히려 아이가 거부하기 시작했습니다. 기록을 남기고 알차게 하고 싶다는 욕심이 앞선 결과였습니다. 이후에 제가 고안한 방법은 붙이는 메모지를 활용하는 것이었습니다. 문구점에서 다양한 메모지를 사서 아이에게 고르게 한 후, 가장 좋았던 장면을 써서 붙이고 서로 이야기를 나누자고 했습니다. 크게 형식에 매이지 않게 되자 아이도 덜 부담스러워했습니다. 형식에서 벗어나서 편안하게 다가가기를 바랍니다.

책 대화 방법은 학년에 따라서도 달라집니다. 3장과 4장에서 더 자세하게 다루겠지만 읽기 발달 정도에 따라 읽는 책이 달라지고, 책의 종류에 따라 책 대화의 형식이 다소 바뀌기 때문입니다. 예를 들어 재미와 감동을 주는 이야기책의 경우에는 책에서 인상 깊은 장면이나 마음에 드는 삽화 고르기, 좋았던 글을 찾아보기 등의 활동이 가능합니다. 하지만 정보와 사실을 기반으로 하는 정보 책인 경우에는 새롭게 알게 된 사실을 중심으로 이야기를 나누는 편이 좋습니다.

책 대화의 기본적인 틀

핵심은 책의 종류마다 접근법이나 대화의 형식을 조금 달리해야 한다는 것, 책 대화에는 똑같은 계획법도 없다는 것입니다. 내 아이의 성향, 관심사, 책의 종류, 상황 등에 따라서 모두 다를 수 있으므로 참고해 살펴봐 주세요. 그럼에도 책 대화의 흐름은 비슷합니다. 크게 세 단계로 나뉩니다.

1단계: 읽을 책 정하기

심리학에는 '선택지가 많으면 아무것도 선택하지 않는다'라는 말이 있습니다. 선택권을 가진 자에게 너무 많은 정보는 정보 과부하나 선택에 대한 부담감을 가중시키기 때문입니다. 책 선택에서도 마찬가지입니다.

　도서관이나 서점에 가서 "네가 원하는 책을 가지고 와!" 라고 하면 머뭇거리는 아이들이 있습니다. 익숙하지 않은 공간에서 선택권이 주어지면 더 큰 부담이 됩니다. 따라서 선택지를 단순화하는 작업이 필요합니다. 제한된 권수에서 선택해 보면 어떻겠느냐고 제안해 보라는 뜻입니다.

　예를 들어 책 대화할 10권을 두고 이 중에서 같이 읽고 싶은 책을 골라 보자고 하면 좋습니다. 또는 책장에서 같이 아이와 함께 골라 보기, 예전에 읽은 책 중에서 같이 골라 보기 등의 방법을 통해 아이에게 선택에 대한 부담감을 내려놓고 쉽게 접근할 수 있도록 해 주세요.

2단계: 책 대화하기

　아이와 대화하는 방식은 여러 가지입니다. 질문으로 접근할 수도 있고, 구체적인 장면을 두고 깊이 있는 대화를 나눌 수도 있습니다. 그중 현장에서 아이들의 반응과 효과가 가장 좋았던 방법을 소개해 보겠습니다. 바로 양육자가 먼저 자신의 생각을 전달하는 방식입니다. 이를 독서 교육에서는 '사고 구술'이라고 합니다. 머릿속에 떠오르는 생각을 가시적으로 보여주는 방법이라고 보면 됩니다.

　예를 들어 보겠습니다. 그림책에는 아이들의 감정 이입을

　　　　　　　　　혼자서도 잘하는 아이의 독서법

위해 의인화된 동물이 나오는 경우가 많습니다. 세상에 하나 남은 흰바위코뿔소 '노든'과 버려진 알에서 태어난 어린 펭귄 '치쿠'가 컴컴한 밤을 지나 바다를 찾아가는 여정을 담은 그림책 《긴긴밤》에는 노든이 사냥꾼에게 소중한 딸과 아내를 잃어버리는 장면이 나옵니다. 이때 아이들에게 저도 모르게 머릿속에 떠오르는 이야기를 들려준 적이 있습니다.

"눈앞에서 가족을 잃는다는 건 정말 참을 수 없이 괴로울 거야. 노든은 얼마나 인간이 미울까?"

그러자 몇몇 아이가 자연스럽게 제 이야기에 말을 덧붙였습니다.

"맞아요, 선생님! 저도 그 부분을 읽을 때 마음이 아팠어요."

"저도 그 장면이 슬퍼서 눈물이 났어요."

답변을 요구하는 방식이 아닌 감정과 느낌을 보여주는 형식이기 때문에 공감하며 별 거부감 없이 받아들인 것이지요.

사고 구술에는 같은 책을 읽은 부모님 또는 선생님이 어떻게 책을 읽고 있는지를 알려 주는 효과도 있습니다. 능숙한 독자인 어른이 책을 읽을 때 다양한 전략으로 생각하며 읽는다는 것을 보여주는 셈이니 말입니다. 어른이 글을 읽으며 "얘들아, 앞으로 이런 내용이 나올 것 같아"라며 이야기를 말하면 아이들은 자연스럽게 뒷 내용을 예측하는 방법을 배우게 됩니다.

이렇듯 아이에게 자연스럽게 양육자의 느낌과 태도, 불만,

즐거움 등을 먼저 보여 주고 다가간다면, 아이들이 이를 학습으로 받아들이지 않아 편히 즐기게 됩니다.

3단계: 다음 책 정하기

책 대화는 일회성으로 끝나면 소용이 없습니다. 마지막 단계에서는 반드시 다음을 약속해야 합니다. 이런 식으로 말이지요.

- 우리 이번에는 이야기책을 읽었으니까 정보책을 읽어 볼까?
- 이번에는 엄마가 정했으니까 다음엔 네가 책을 정해 볼래?
- 이 책 재미있다. 시리즈라고 들었는데 다음 편도 함께 읽어 볼까?
- 우리 이번 책은 조금 쉬웠어. 더 어려운 책으로 읽어 볼까?
- 너는 어떤 책을 읽고 싶니?

아이와 언제, 어디서, 무슨 책으로 읽을 것인지 미리 정해야 합니다. 약속 내용은 시간이나 읽을 책이 바뀌면 융통성을 발휘해 유연하게 변경하면 됩니다.

이제 부모와 아이가 함께 성장하는 책 대화의 본격적인 실전에 들어갈 차례입니다. 초등 저학년부터 중·고학년까지, 읽

기 발달 단계에 적합한 구체적인 책 대화법을 다음 장에서 살펴
보겠습니다. 다만, 대화가 생각대로 풀리지 않아 좌절감을 느낄
때마다 이 장에서 다룬 내용을 되새겨 주세요. 아이를 가르치려
는 마음을 내려놓고 동반자로서의 마음을 다시 잡는다면 책 대
화는 언제든 즐거운 소통이 될 것입니다.

사전 체크리스트와 기록 일지 쓰기

모든 아이가 책 대화에 쉽게 흥미를 느끼는 것은 아닙니다. 독서 자체를 과제로 여기거나 부모의 일방적인 지식 전달 시간으로 생각해 소극적이 되는 경우도 많습니다.

여기서는 아이가 책 대화를 거부할 때 부모님이 반드시 점검해야 할 영역의 체크리스트를 확인합니다. 이를 통해 아이가 솔직하게 생각과 감정을 표현하는 환경을 조성할 수 있을 것입니다. 더불어 책 대화를 통해 발견한 아이의 사고력과 감정을 발전시키기 위한 책 대화 기록법의 예시도 함께 보여주려 합니다.

왜 책 대화를 거부할까?
사전 체크리스트

어릴 적 읽던 책밖에 가지고 있지 않아 대화를 나누고 싶은 책이 없다고 대답하는 아이들도 있습니다. 대화를 할 적절한 재료가 없다는 뜻입니다. 따라서 책 대화를 시도하기 전, 부모는 아이가 흥미를 느낄 만한 책이 준비됐는지, 대화를 방해할 외부 요소가 없는지 꼼꼼히 점검해야 합니다. 구체적으로는 적절한 도서의 구비 여부, 대화 장소의 적절성, 스마트폰이나 TV 등의 유무입니다. 시선을 뺏길 우려가 있는 전자기기는 되도록 멀리 두는 편이 좋습니다.

❶ 물리적 환경면

☐ 아이와 함께 책 대화를 나눌 책이 준비돼 있는가?

☐ 가정 책 대화를 나눌 편안한 리딩 존reading zone이 있는가?

☐ 책 대화에 집중할 수 있는 분위기인가?

책 대화는 무엇보다 아이의 의견이 무척 중요합니다. 처음부터 좋다고 말하는 아이가 몇 명이나 될지는 모르겠지만 실패하더라도 계속 도전을 해 보는 것도 필요합니다. 무엇보다 아이에게 책 대화가 숙제나 평가처럼 느껴지면 안 됩니다. 즐거움을 잃으면 쉽게 외면당하기 때문입니다. 부모님이 책 대화를 학습이나 점검의 시간으로 여기지 않았는지, 다음과 같은 사항에서 생각해 봐야 합니다.

❷ 심리적 환경면

□ 아이가 책 대화에 기꺼이 참여할 마음이 있는가?

□ 아이의 말을 들어줄 여유와 마음이 있는가?

□ 아이가 대답하기 싫어할 때, 기다려 줄 마음이 있는가?

원활하게 대화를 하고 싶다면 부모가 먼저 대화하는 법을 배워야 합니다. 평소 아이에게 하는 말 습관을 점검하는 작업이 필요합니다. 평상시 부모의 말은 자녀의 심리적 안전지대를 결정하는 가장 강력한 요인입니다.

아이들은 자신의 말에 부정적인 평가나 훈육이 돌아올 경우 생각을 숨기거나 회피하는 방어 기제를 형성합니다. 부모님이 일상 대화에서 자녀가 하는 말에 존중하고 수용하는 태도를 보여줘야 아이가 책을 읽기 전에도, 읽는 중에도, 읽은 후에도 시간을 자신의 생각을 안전하게 펼칠 수 있는 장으로 여기게 됩니다.

❸ 대화면

이러한 사전 점검은 단순히 대화를 위한 절차가 아니라, 아이와 함께 생각할 수 있는 분위기를 조성하는 일입니다. 부모가 미리 마음의 여유와 환경을 정비해 두면 아이가 안정적으로 책 대화에 몰입할 수 있습니다. 비로소 책을 읽으며 지식 너머의 생각을 발견할 수 있는 셈이지요.

부모님이 작성하는
책 대화 기록 일지

필수는 아니지만 책 대화를 기록하는 일지를 준비해 두면 좋습니다. 다음번에는 어떤 질문을 하면 아이가 더 잘 대답할지, 어떤 질문에 엉뚱한 답변을 했는지 확인해 더 좋은 책 대화를 하는 데 도움이 되기 때문입니다. 기록은 아이의 생각 변화와 정서적 성장을 파악할 수 있도록 돕습니다. 또한 부모는 기록을 통해 자신의 대화 방식이나 질문 습관을 점검하고 수정할 수 있습니다. '책 대화 기록 일지'에 들어가야 할 항목과 구체적인 예시는 다음과 같습니다.

항목	내용
① 책 정보 적기	읽은 책의 제목, 저자, 출판사만 간단히 기록합니다.
② 환경 기록하기	책을 읽은 후, 대화 내용을 간단히 적습니다. 인상 깊었던 질문, 아이의 대답, 느낀 점 등을 기록해 둡니다.
③ 책 점수 주기	책을 다 읽고 난 뒤 간단하게 책의 점수를 수치로 기록하거나 별점을 매깁니다.
④ 가장 인상적인 내용 적기	책 속에서 마음에 남은 장면, 문장, 인물 등을 간단히 적고 이유를 아이와 함께 씁니다.
⑤ 함께 질문 나누기	책을 읽으며 떠오른 궁금증이나 저자에게 묻고 싶은 점을 적습니다. 붙이는 메모지에 간단하게 적을 수도 있습니다.

책 대화 기록 일지

읽은 책 정보

책 제목 《너의 베프가 되고 싶어》
지은이 김지원
출판사 한솔수북

환경 기록하기

언제 20××년 ××월 ××일
어디서 집 거실에서
누구랑 엄마랑

책 점수 주기

5점 만점에 총 몇 점을 줬나요?

부모님 ☆☆☆☆☆
아이 ☆☆☆☆☆

함께 질문 나누기

부모님의 질문

· 이 그림책의 주인공은 누구
일까?
· ○○(자녀 이름)이가 주인공
이라면 어떻게 했을까?

아이의 질문

· 글쓴이는 왜 이런 이야기를
만들었을까?
· 내가 주인공이었다면 어떻게
해결했을까?
· 이 책의 마지막 장면을 바꾼
다면 어떻게 바꿀까?

가장 인상적인 내용 적기

부모님

친구와의 갈등에서 무너지지 않
고 친구 관계의 해법을 찾아가는
소은이의 모습이 감동이었어.

아이

소은이가 지연이가 가지고 싶어
하는 루루 스티커를 뽑았을 때
정말 기뻐하는 것 같았어.

3장

말과 마음을 잡는
저학년 책 대화

14

저학년 시기에 필요한
자기 주도 경험

자기 주도성은 첫째, 자기 선택 경험, 둘째, 질문 경험, 셋째, 자기표현 경험, 넷째, 문제 해결(비판적 사고) 경험, 다섯째, 감정 조절 경험을 기반으로 합니다. 모두 아이가 스스로 생각하고 행동하는 힘을 길러 주는 핵심 요소입니다.

초등 입학 전후부터 약 9세까지를 이르는 저학년 시기는 정서 발달에 아주 중요한 단계입니다. 이 시기 아이들은 자기중심적인 사고에서 벗어나 타인의 시각을 이해하기 시작합니다. 동시에 발달하는 언어 능력을 활용해 자신의 내면을 드러내는 방법을 배우는 전환기에 놓입니다.

학교에 입학해 공동체 생활에 적응하고 또래 친구들과 잘

지내기 위한 사회적 기술도 습득해야 합니다. 그렇기에 자신을 건강하게 표현하고, 새로운 관계 속에서 발생하는 갈등 상황에 효과적으로 대처하는 자기표현 경험과 감정 조절 경험을 해 보는 것이 중요합니다.

첫째,
자기표현 경험

러시아의 교육학자 레프 비고츠키Lev Vygotsky는 아동의 언어와 사고에 관한 연구에서 "언어는 인지 발달을 시키는 중요한 도구"라고 말합니다. 이 이론에 따르면 아이는 말을 하면서 스스로의 생각을 정리하고, 말로 표현하는 과정에서 사고가 발달한다고 볼 수 있습니다.

특히 초등 저학년 때는 자기중심적 사고에서 벗어나 학교에서 사회성을 배우게 됩니다. 명확한 자기표현력을 기르는 것이 자신의 의사를 정확히 전달해 또래와의 갈등을 줄이고, 나아가 생각하는 힘과 사회성 강화에 도움이 된다는 뜻이지요.

이 시기에 책 대화를 하면 자연스럽게 생각을 이야기하는 방법을 습득할 수 있습니다. 책을 읽으면 모르는 낱말을 접할 수 있는데, 일상에서 쓰지 않는 다양한 어휘를 문자 언어를 통해 배우기 때문입니다. 예를 들어 '세상이 황폐해졌어요' '사자는 포효했어요’라는 문장을 읽는다면 ‘황폐’나 ‘포효’처럼 일상에서 자주 쓰지 않는 단어를 마주하게 되지요. 독서를 통해 어휘 지식이 늘어나면 그만큼 표현의 질도 향상됩니다.

또한 책 대화는 아이가 생각을 명확히 인식하고 표출할 수 있게 해 줍니다. 등장인물의 감정에 공감하고, 부모님의 "너라면 어떻게 했을까?"라는 질문에 대답하고 되물으며 생각과 느낀 점을 말로 표현하는 연습을 하게 됩니다.

둘째,
감정 조절 경험

초등 저학년 아이들은 감정적으로 미숙합니다. 당시에 느낀 감정을 언어로 표현하는 힘이 약하면 속상함과 억울함이 잘못된 행동으로 표현되기도 합니다. 이유 없이 떼를 쓰거나 고집을 부리고, 짜증을 내거나 불쑥 화를 내지요.

미숙한 감정 표현은 학교를 비롯한 공동체 생활에서 또래와의 잦은 충돌을 유발하며 사회적 고립을 초래할 수 있습니다. 이러다 보면 친구 관계에서 삐걱대기도 하고 자존감도 떨어집니다. 감정을 인식하고 건강하게 표현하는 능력은 어떤 집단에 성공적으로 적응하고 자존감을 지키기 위한 핵심 사회적 기술입니다.

책에는 다양한 인물이 사건 속에서 겪는 감정의 변화가 고스란히 나타납니다. 부모님과 자녀가 싸우고 화해하는 내용을 담은 동화책 《화해하기 보고서》를 읽는다고 해 보겠습니다. 고집이 센 주인공 은지와 은지 엄마가 서로 잘못을 따지기 바쁜데, '화해하기 보고서'를 쓰면서 서로의 잘못을 인정합니다.

부모님은 아이와 함께 "은지는 왜 속상했을까?" "이런 상황에서 은지는 정말 어떤 마음이었을까?" "그래서 어떤 일이 벌어졌을까?" 같은 대화를 통해 주인공이 느꼈을 감정을 생각하고, 알아차릴 수 있습니다. 또 주인공이 아닌 인물에게 이입해 객관적으로 주인공의 상황을 지켜보며 어떻게 행동하면 좋을지 생각해 볼 수 있습니다. 이 과정에서 아이는 자신이 느끼는 감정이 무엇이고 어떤 식으로 대처해야 하는지 배웁니다. 이는 곧 감정을 조절하는 능력의 향상으로 이어집니다.

초등 저학년 시기의 핵심 목표는 자기표현과 감정 조절 경험으로 사회성을 발달시키는 것입니다. 미래 교육 연구 기관들은 미래 핵심 역량으로 협업 능력과 의사소통 능력을 드는데, 이 역시 바로 자신의 생각과 감정을 명확히 인지하고 건강하게 표현하는 경험에서 출발합니다. 자기표현과 감정 조절 경험은 아이가 학교생활에 안정적으로 적응하고 건강한 자존감을 유지하게 하는 기초 체력입니다. 이 능력은 시간이 지나며 중·고학년 시기에 요구되는 자기 선택, 질문하기, 비판적 사고와 같은 상위의 자기주도 역량으로 자연스럽게 연결됩니다.

또한 저학년 시기의 자기표현 경험은 친구와의 오해, 갈등, 질투, 서운함 등 학교에서 흔히 겪는 일상적 갈등을 스스로 해결할 수 있는 힘이 돼 줍니다. 이런 힘을 가진 아이는 학교생활에 대한 만족도가 높아지고, 학교 만족도가 높을수록 학업 스트레스도 줄어들며 학습 태도 역시 긍정적으로 자리 잡습니다.

따라서 자기표현과 감정 조절은 단순한 정서 교육을 넘어, 앞으로 아이들이 쌓아 갈 학습 문해력의 기반이 되는 중요한 성장 요소라고 할 수 있습니다.

15

'더듬더듬'에서 벗어나는
읽기 체력을 키우려면?

초등 저학년은 본격적으로 '스스로 읽기'의 기초를 다지는 시기입니다. '초기 독서기' 또는 '독서 입문기'로 부르기도 하지요. 아이들이 예비 독서가로 나아가는 준비를 하는 단계라고 보면 됩니다. 글자를 해독하는 능력은 빠르게 향상되지만 내용을 깊이 이해하거나 이어지는 문장이나 문단을 구조적으로 파악하는 힘은 아직 약합니다. 이 시기의 독서는 학습의 도구가 아닌 흥미를 갖고 즐겁게 몰입하는 놀이에 가깝습니다. 또한 긴 글에 집중하기 어렵습니다. 한 번에 오래 읽기보다 짧게, 자주 읽는 것이 효과적입니다.

그런데 저학년 시기의 자녀를 둔 학부모를 만나면 굉장히 조급해한다는 인상을 받습니다. 독서 발달 단계에서 어려운 능력을 요구하고, 아이에게 그만큼의 모습이 보이지 않는다며 낙담합니다. 한번은 강의에서 이런 고민을 들은 적이 있습니다.

"우리 아이가 1학년인데 아직 책을 더듬더듬 읽어요."

이렇게 말한 어머니는 근심 어린 표정을 지었습니다. 저는 1학년이니 조급하게 생각하지 말고 지금처럼 책 읽어 주기와 소리 내어 읽기를 같이 하면 된다고 답변했습니다.

이 시기에 획득해야 해야 하는 독서 능력은 이른바 '읽기 유창성reading fluency'으로, 이는 글을 정확하고 자연스럽게 읽는 능력을 말합니다. 다음 세 가지 요소가 갖춰졌을 때 읽기 유창성이 있다고 할 수 있습니다. 첫째는 틀리지 않고 정확하게 낱말을 읽는 정확성, 둘째는 너무 느리지도 빠르지도 않게 읽는 속도, 셋째는 글의 내용에 맞게 읽어 내는 표현성입니다.

이를 확보하기 위해서는 책을 꾸준히 읽고 접할 수 있도록 만들어야 합니다. 시기적으로는 초등학교 2학년에서 3학년까지 발달 과정이 이어지며 글 읽기에 자동성을 부여하기에 해독을 넘어 독해의 단계로 발전하는 데 도움을 주는 아주 중요한 요소들입니다.

초등 저학년은 인지적·신체적·심리적으로 책을 읽을 수 있는 준비가 된다면 본격적으로 독서 능력이 발달되는 때이기도 합니다. 혼자서 책 읽는 것에도 흥미를 느껴 스스로 읽으려고 합니다. 이러한 양상이 보인다면 읽기 독립을 위해 격려하면서 성취감을 느낄 수 있도록 도와야 합니다. 이 시기에 소리 내어 책을 읽다 보면 자연스럽게 눈으로 읽고 머릿속으로 생각하는 묵독으로 넘어갈 수 있습니다.

읽기 유창성을 높이는 방법 1
대화식 읽기

읽기 독립이 완전히 이뤄지지 않았기 때문에 책을 읽고 난 다음 이야기를 나누는 방식보다 책을 읽어 주면서 대화하는 책 대화, 즉 '대화식 읽기dialogic reading'가 더 알맞습니다. 핵심은 양육자의 질문에 아이가 능동적으로 참여해 생각하는 능력을 키우는 것입니다. 양육자가 책을 읽고 자녀가 듣는 수동적 읽기가 아닌, 책 속 내용에 대해 이야기를 나누며 아이의 상상력을 확장해 주는 상호 작용적 읽기를 말합니다. 아이가 말한 내용에 대해 부모님이 생각을 덧붙여 더 세련되게, 더 깊게 이야기를 이끌어 가는 방식이라고 보면 됩니다. 다음은 책 읽어 주기와 대화식 읽기를 차이를 정리한 것입니다.

<table>
<tr><th>책 읽어 주기</th><th>대화식 읽기</th></tr>
<tr><td>· 양육자가 일방적으로 낭독함.
· 양육자의 주도성이 더 큼.</td><td>· 서로 질문과 대답을 하는 상호 작용이 이뤄짐.
· 양육자와 아이 모두가 주도적으로 참여함.</td></tr>
</table>

최근의 독서 발달 연구에서는 대화식 읽기가 아이의 언어 능력이나 어휘력 향상에 좋다는 결과가 많습니다. 아이를 조금 더 능동적이고 적극적인 독자로 이끌기 때문입니다. 대화식 읽기의 방법은 여러 가지인데, 부모님들이 가장 쉽게 따라 할 수 있는 방법으로 **PEER** 전략을 소개합니다. 질문하고prompt, P 반응하고evaluate, E 확장하고expand, E 반복·정리하며repeat, R 읽는 것입니다.

《지각대장 존》은 매일 지각하는 존의 사유를 듣지 않고 벌을 주던 선생님이 지각을 하게 되면서, 교육에서는 이해와 관심이 중요하다는 메시지를 던지는 책입니다. 이를 읽으며 할 수 있는 **PEER** 기반의 질문과 대화입니다.

P: 아이에게 새로운 질문 제시하기

부모: "존이 지각한 이유가 뭘까?"

E: 질문에 대한 아이의 답을 듣고 반응하기

아이: "존이 악어 때문에 지각했다고 했어."

부모: "그렇구나! 네가 잘 기억하고 있구나."

E: 아이의 말을 확장하거나 새로운 질문 추가하기

부모: "맞아! 악어가 나타나서 늦었다고 했지. 악어가 책가방
을 물고 가서 장갑을 던져 주니까 그제야 놓아줬다고 했
지? 존은 또 무엇 때문에 또 지각했다고 했지?"

아이: "사자가 나타나서 바지를 물어뜯었다고 했어."

R: 다시 말해 보게 하거나 반복하기

부모: "존이 지각한 이유가 많았지? 어떤 것이 있었는지 우리 한
번 같이 말해 볼까?"

아이: "악어랑 사자 때문에 지각했다고 했어."

'과연 내가 아이에게 이렇게 그림책을 읽어 줄 수 있을까?'
라는 의문이 들 수도 있습니다. **PEER** 전략을 실천하려면 미리
그림책을 읽고 줄거리와 글의 메시지를 파악하는 준비가 필요

합니다. 매일 책을 읽어 줘야 한다는 부담이 들 때는 '일주일에 한 번 이상 대화식 읽기를 하겠다'라는 가벼운 마음으로 접근하기 바랍니다. 중요한 것은 대화식 읽기를 한번 해 보겠다는 마음이며 실천입니다. 몇 번 했느냐, 자주 했느냐가 아닙니다.

실제로 아이와 함께 대화식 읽기를 해 봤을 때, 아이가 수동적으로 듣기만 하지 않고 적극적으로 대화하며 참여 가능하다는 점에서 교육적 효과가 컸습니다. 양육자의 질문과 반응 속에서 책을 꾸준히 반복적으로 접하는 과정은 읽기 유창성을 자연스럽게 길러 줍니다. 나아가 책 속 인물에 대한 생각과 감정을 말로 풀어내며 자기표현 경험을 하고, 감정의 간접 경험을 통해 자기 조절 능력을 발달시키는 주도적인 성장의 발판이 됩니다.

읽기 유창성을 높이는 방법 2
음독 전략

소리 내어 읽기 활동은 읽기 유창성 확보에 매우 큰 영향을 미칩니다. 현실의 말과 머릿속 글의 소리를 연결해 주는 과정이기 때문입니다. 아이는 이를 통해 문자 언어를 실제 언어로 체화하기에, 다양한 음독 전략으로 단어 인식력을 키워 줘야 합니다.

책 읽어 주기, 의미 단위로 끊어 읽기와 문장 부호 읽기, 연음 들려주기 등으로 부모님이 시범을 보이는 게 중요합니다. 번갈아 읽기, 역할극 하며 읽기, 반복해서 읽기 등 다양한 방법이 있는데, 아이에게 잘 맞는 음독 전략을 선택해 제시하는 것이 좋습니다. 다음은 대표적인 음독 전략의 예시입니다.

부모님이 소리 내어 읽어 주기

아이는 부모가 책을 읽어 주는 소리를 들으며 읽기 속도, 억양, 문장의 리듬, 표현 방법을 자연스럽게 배웁니다. 부모의 낭독은 단순히 글자를 소리 내는 것이 아니라 문장의 의미와 분위기를 소리로 전달하는 모델이 되기 때문입니다. 예를 들어 호랑이가 등장하는 옛이야기 속 장면이 있다고 해 보겠습니다.

무시무시한 호랑이가 나타났어요.
"어흥! 떡 하나 주면 안 잡아먹지!"

이 장면에서는 크고 위협적인 목소리로 읽어 주면 상황의 긴장감과 공포를 느낄 수 있습니다. 그런데 다음과 같은 문장이 앞에 덧붙는다면 분위기는 달라집니다.

이 경우에는 호랑이의 목소리에 힘이 빠지고, 비굴하고 약한 어조로 읽어 주는 것이 자연스럽습니다. 이처럼 문맥에 따라 같은 대사라도 읽는 속도와 억양, 담긴 감정이 달라집니다. 이 과정을 통해 아이는 문장의 의미가 맥락에 따라 달라질 수 있음을 배우고, 자연스럽게 언어의 리듬과 표현력을 익히게 됩니다.

문장 부호에 맞게 읽기

읽기 유창성이 떨어지는 아이들은 물음표, 느낌표를 잘 살려서 읽지 못하는 경우가 있습니다. 문장 부호에 맞게 읽으면 책 속 내용을 더 잘 이해하고 전달할 수 있습니다. 문장 부호는 글쓴이가 의도한 속도, 감정, 분위기를 독자에게 전달하는 장치이기 때문입니다. 문장 부호를 무시하고 읽으면 글의 의미와 뉘앙스를 놓치기 쉬워 독해력도 떨어집니다. 이때 부모가 시범을 보이면 아이가 자연스럽게 알맞은 읽기 습관을 형성할 수 있습니다. 아이에게 책을 읽어 줄 때는 문장 부호에 주의해 읽어 주세요. 다음의 방법을 참고하면 좋습니다.

문장 부호	읽는 법과 예시
. (마침표)	문장의 마침을 알리는 표기로, 이어서 읽지 않고 한 박자 쉬기 예) 오늘도 즐거운 마음으로 학교에 갔어요. 친구들과 함께 놀 생각에 즐거웠어요. ▶ 두 번째 문장으로 들어갈 때 짧게 쉬어 주세요.
, (쉼표)	이른바 '숨 쉬는 자리'로, 짧게 끊어 가기 예) 친구와 함께 축구도 하고, 달리기도 하면서 즐겁게 놀았어요. ▶ '친구와 함께 축구를 하고'에서 '고'를 늘리며 짧게 쉬고 이어서 읽어 주세요.
? (물음표)	궁금하거나 놀라운 마음을 표현하는 표기로, 음 높이기 예) "도대체 무슨 일이 일어난 거야?" ▶ '야'의 음을 높여서 읽어 주세요.
! (느낌표)	감탄 등 강한 감정을 드러내는 표기로, 목소리와 음을 모두 높이기 예) "우와! 정말 내가 해냈구나!" ▶ 전반적으로 목소리를 키우고 음을 높여 읽어 주세요.

문장 부호에 맞게 읽기는 특히 명확한 자기표현에 도움이 됩니다. 문장 부호에 따라 글에 담긴 감정이 달라진다는 것을 알 수 있도록 읽어 주기 바랍니다.

아이가 재차 읽을 때 들려줘 읽기 속도가 빠르고 느린지, 단어를 잘못 읽는 경우는 없는지, 발음이 잘 들리는지를 스스로 확인할 수 있게 해 주세요. 자신의 목소리를 객관적으로 듣는 경험은 '자기 점검의 눈'을 키워 줍니다.

녹음을 듣기 전에 들어야 할 지점 하나를 알려 주는 것도 좋습니다. 예를 들면 아이가 끊어 읽지 않고 한 호흡에 빠르게 읽는 부분이 있는지, 문장 부호에 알맞게 읽는 게 더 필요한지, 틀리게 읽는 부분이 있는지, 목소리의 크기는 알맞은지, 연음이 잘 이뤄지는지 등을 함께 확인해 보는 것입니다.

참고로 연음 읽기의 경우 '같이'를 '가치'로 읽는 것처럼 받침 'ㅌ'이 뒤 음절로 넘어가고, 이어 구개음화가 일어나 '가치'처럼 발음됩니다. 따라서 아이들이 '가티' 또는 '갇이'로 읽지 않는지 확인해 보세요. 이처럼 자기 목소리를 분석하고 스스로 오류를 수정하는 과정은 읽기 유창성 강화를 넘어 아이가 부모의 지시 없이도 학습을 관리하는 자기 주도 학습의 발판이 됩니다.

이 시기 반드시 획득해야 하는 글 깨치기와 읽기 유창성은 다양한 음독 전략을 통해 단단해집니다. 소리 내어 정확하게 읽는 훈련은 해독 능력을 자동화할 뿐만 아니라 문맥에 맞는 표현력과 억양을 익혀 자기표현 경험의 기초를 다져 줍니다. 놀이처럼 즐거운 음독 전략을 통해 독서의 즐거움을 깨닫고, 다음 단계의 독서로 주도적으로 나아갈 준비를 완성하게 되지요.

이 시기 문자를 해독하는 데 더 많은 에너지를 쓰기에 어려운 책이나 흥미가 떨어지는 책이 아닌 그림책, 아이 스스로 혼자 읽고 이해할 수 있도록 만들어진 읽기 독립물, 운문 그림책, 동시집같이 재미있는 책, 감정 표현이 드러나는 대사가 많은 책, 짧은 글이 유용합니다.

또한 아이가 대화에서 읽기 자신감을 놓치지 않도록 구체적인 부분에 대한 격려가 필요합니다. "이번엔 마침표에서 잘 멈췄네!" "사자가 '어흥!'하는 소리를 아주 힘 있게 냈구나! 진짜 포효 같았어!" "이 단어는 어려운데, 틀리지 않고 정확히 읽었네!" 등 아이의 노력에 대한 칭찬을 해 주기 바랍니다.

혼자서도 잘하는 아이의 독서법

16

생활 동화를 읽으며
비슷한 경험을 말해요

아동의 인지 발달 과정을 0~2세, 2~7세, 7~12세, 12세 이상의 네 단계로 나눠 설명한 스위스의 발달 심리학자 장 피아제_{Jean Piaget}에 따르면, 초등 저학년 아이들은 스스로의 경험을 통해 세상을 이해하고 이야기를 나눕니다. 이처럼 아이들에게 책을 읽고 장면에 대한 소감을 물어보면 보통은 "저도 그런 적이 있는데…"라는 말로 시작합니다. 초등 저학년 시기는 자신의 경험을 바탕으로 세상을 바라보는 단계에 있기 때문입니다.

'내 이야기야'라는 생각이 든다면 저절로 읽기에 대한 관심이 커지고 대화할 내용도 많아집니다. 자기표현을 해 볼 기회가 되는 셈이지요. 이 시기의 책 대화 또한 발맞춰 아이의 일상생활을 다룬 책이나 주변에서 볼 수 있는 내용이 담긴 책을 권합니다. 대표적인 것이 바로 아이가 쉽게 이입할 수 있는 '생활 동화'입니다. 아이들의 일상생활 속 고민과 자주 겪는 문제 상황이 제시돼 아이와 나눌 이야기가 자연스럽게 많아집니다.

또한 아이의 실제 삶과 연결된 친숙한 배경이라 더 몰입해서 읽기 좋습니다. 초등 저학년은 학교에 적응하며 친구 때문에 힘들었던 기억, 친구와 싸웠던 기억, 친구가 약속 시간에 늦어서 속상했던 기억 등 자신의 경험이 떠오르는 순간이 많습니다.

생활 동화
책 대화 가이드

제가 쓴 《너의 베프가 되고 싶어》라는 동화책을 예시로 친구 관계에 대한 대화를 해 보겠습니다. 이 책에서 전학생 소은이는 베프가 되고 싶은 지연이를 만나지만, 지연이는 약속 시간에 자주 늦고 때로는 무리한 부탁을 합니다. 그런 지연이에게 서운한 마음이 들던 소은이는 자신을 도와준 동찬이와 단아를 보며, '진짜 친구'란 무엇인지 점차 깨닫게 됩니다.

초등 저학년 단계에서는 아이가 스스로 읽을 책을 선정하지 못해 부모님이 제안하는 경우가 많습니다. 이때 아이가 흥미를 느낄 수 있는 친구 관계에 대한 공감과 위로를 다룬 이 같은 도서를 추천하면 좋겠지요. 그렇다면 책을 읽고 어떤 이야기를 나눌 수 있을까요?

1단계: 구체적인 상황을 제시하고 실제 경험 묻기

저학년 책 대화, 즉 대화식 읽기의 핵심은 책 속 장면을 자세히 묘사하며 자연스럽게 대화를 나누는 것입니다. 다음은 《너의 베프가 되고 싶어》를 읽고 이뤄질 수 있는 책 대화의 예시입니다.

부모: 소은이가 약속 시간에 늦는 지연이 때문에 속상했잖아. 너는 친구 때문에 곤란하거나 힘들었던 적이 있어?

아이: 응, 나도 소은이랑 비슷했어. 친구가 내 물건을 허락 없이 쓸 때가 있었는데, 그게 불편했어도 말을 못 했어.

부모: 그랬구나. 네 마음이 이해돼. 그런데 책에서 소은이가 지연이한테 솔직하게 이야기하던 장면 기억 나?

아이: 맞아! 나도 그 장면이 제일 좋았어. 소은이가 마음을 표현하니까 속이 시원했어.

초등 저학년의 경우, 등장인물과 비슷한 경험이 있는지 물으면 좋습니다. 예시의 '소은이가 약속 시간에 늦는 지연이 때문에 속상했잖아. 너는 친구 때문에 곤란하거나 힘들었던 적이 있어?'는 이를 잘 보여주는 질문입니다. 그러면 아이는 자연스럽게 자신의 경험과 감정을 떠올리게 됩니다. 자신이 느낀 감정을 말로 표현하면서 '내가 왜 그런 기분이었는지'를 스스로 깨닫게 되지요.

이 과정에서 아이는 감정을 객관적으로 바라보고 타인의 마음을 짐작하는 법을 배워 갑니다. 책 대화를 통해 아이의 실제 경험 아이는 자기 마음을 솔직하게 전할 줄 알고, 다른 사람의 감정도 이해하는 힘을 기를 수 있습니다.

2단계: 상황을 가정해 질문하기

책 속 장면에서 더 나아가 다양한 상황을 제시하도록 합니다. 두 명 또는 세 명으로 구성된 상황극을 해 보는 것도 좋습니다. 행동으로 직접 해 보면 자기표현이 더 생생해지기 때문입니다. 이는 안정적으로 자기표현을 연습하는 기회가 됩니다.

특히 거절하기, 부탁하기, 사과하기 같은 상황은 아이들이 실제 친구 관계나 학교생활에서 자주 부딪히는 사회적 과제입니다. 이러한 연습을 통해 아이는 자기 감정을 솔직하게 표현하면서도 상대의 입장을 고려하는 방법을 배우게 됩니다. 다음과 같은 상황을 예시로 들어 연습해 보면 좋습니다.

혼자서도 잘하는 아이의 독서법

자기표현 행동	상황 예시
거절하기	· 학원을 가야 하는데 친구가 놀자고 말할 때 · 친구가 놀이터에서 위험한 놀이를 하자고 할 때 · 내 물건을 함부로 가져가서 쓰는 상황일 때 · 청소나 숙제를 대신 해 달라고 할 때
부탁하기	· 학용품을 빌려야 할 때 · 무거운 짐을 같이 들고 가자고 말하고 싶을 때 · 약속 시간에 늦을 것 같아 기다려 달라고 할 때 · 수업 시간이지만 화장실이 급할 때
사과하기	· 친구의 물건을 실수로 떨어뜨려 망가뜨렸을 때 · 약속 시간에 늦었을 때 · 장난으로 친구를 화나게 했을 때 · 친구에게 거짓말을 했을 때

17

자연 관찰 도서로
관심사를 찾아요

자기표현의 기회를 많이 주는 또 다른 책으로 '자연 관찰 도서'를 추천합니다. 동식물, 계절 변화, 날씨, 생태계 등 아이가 실제로 보고 경험할 수 있는 자연 현상을 그림과 사진, 간단한 설명으로 다룬 책을 말합니다.

초등 저학년 시기에는 글을 읽고 머릿속으로 상상하는 추상적인 세계보다는 직접 보고 만질 수 있는 구체적이고 현실적인 세계를 더 쉽게 이해합니다. 자연 관찰 책은 일상 속 사물이나 생물을 소재로 하기 때문에 아이가 낯설지 않게 접근할 수 있고, 관찰한 내용을 자신의 언어로 설명하거나 느낀 점을 표현하기에도 적합합니다.

공룡이나 곤충, 식물 등 특정 주제에 대한 정보를 담은 책을 함께 찾아보고 이야기를 나누는 것도 좋습니다. 아이가 관심을 가지는 주제가 무엇인지 물어보세요. 그와 관련된 경험을 한 적이 있다면 더욱 좋은 대화가 될 것입니다. 익숙한 대상을 다룬 책일수록 더 쉽게 이해되고, 본 것과 읽은 내용을 비교하며 자연스럽게 말을 꺼낼 수 있기 때문입니다.

경험과 책의 내용을 이어 보는 과정에서 아이는 '내가 아는 현실 세계'와 '책 속 세계'를 연결하며 생각을 확장하게 됩니다. "무엇을 봤니?"라는 사실적 질문에서부터 "그래서 어떻게 됐지?" "왜 그런 일이 생겼을까?"의 탐구형 질문으로 가는 과정은 초등 중학년 이상에서 볼 정보책 읽기의 좋은 발판이 됩니다.

자연 관찰 도서
책 대화 가이드

개구리의 탄생 과정을 다룬 《개구리가 알을 낳았어》를 읽었다고 가정해 보겠습니다. 개구리가 논물에 알을 낳고, 그 알이 올챙이를 거쳐 성체 개구리가 되기까지의 변화를 보여주는 자연 관찰 그림책이자 정보를 담은 책입니다. 개구리의 한살이 과정을 구체적이고 생생하게 표현하고 있기에, 만약 자녀가 실제로 개구리 알을 본 경험이 있다면 흥미를 보일 것입니다. 자연 관찰 도서의 책 대화는 다음의 순서대로 진행하면 효과적입니다.

1단계: 이미 알고 있는 지식 상기시켜 주기

정보와 사실을 다룬 도서를 읽었다면 가장 먼저 아이의 머릿속 배경지식을 꺼내 주는 것이 중요합니다. 새로운 정보는 기존의 지식 위에 쌓일 때 더 잘 이해되고 오래 기억되기 때문입니다. 다음은 《개구리가 알을 낳았어》를 읽고 이뤄질 수 있는 대화의 예시입니다.

부모: 우리 지난주 여행 때 개구리 알 봤던 거 기억나?

아이: 응! 젤리처럼 투명해서 만져 보고 싶었어.

알고 있는 사실을 말로 표현해 보는 대화는 머릿속에 둥둥 떠다니던 생각을 명확히 정리하는 과정입니다. 또한 왜 그렇게 느꼈는지, 어떤 점이 신기했는지 등을 답하며 자신의 감정과 생각을 구체적인 말로 표현하는 능력을 기를 수 있습니다. 사물과 현상에 대해 상세히 알려 주는 자연 관찰 도서는 아이가 관찰한 것을 묘사하고 비교하는 연습을 하기에 특히 적합합니다.

2단계: 새롭게 배운 점 공유하기

이어서 새롭게 알게 된 사실이나 느낀 점을 서로 주고받아야 합니다. 아이가 책을 통해 얻은 정보를 스스로 설명해 보면, 단순히 읽는 것을 넘어 이해한 것을 자신의 언어로 재구성하게 됩니다.

부모: 맞아, 정말 신기했지. 엄마는 책에서 알이 올챙이가 되고, 또 다리가 자라서 개구리가 되는 과정이 놀라웠어. 너는 어떤 장면이 가장 신기했어?

아이: 음, 나는 처음 장면이 제일 재미있었어. 알이 거품처럼 둥글둥글 모여 있는 게 신기했거든!

부모: 그래, 진짜 거품 같았지? 그게 사실은 개구리의 알이라는 게 더 신기했어. 우리 다음엔 올챙이가 자라는 것도 직접 관찰해 볼까?

부모와의 대화를 통해 아이는 '내가 느낀 점을 말로 표현해도 괜찮다'라는 안정감을 경험하며, 배운 내용을 감정과 함께 기억하는 힘이 커집니다. 특히 스스로 기억을 떠올려 말해 보는 경험은 어렴풋한 생각과 감정을 설명하는 자기표현력을 기르는 데 도움이 됩니다.

　작은 표현의 경험이 쌓이다 보면 자연스레 느낀 것을 이해하고 정리하는 습관이 자리 잡습니다. 또 다른 사람과 생각을 비교해 보는 과정에서 아이는 '어떻게 하면 더 잘 표현할 수 있을까'를 고민하게 되고, 그때부터 생각의 주도권을 잡게 됩니다. 이는 나만의 방식대로 무엇이든 해 보는 태도를 만들어 줍니다.

18

감정 그림책으로
내 마음을 이해해요

자신의 감정을 잘 알아차리고, 그 감정을 말로 표현할 수 있으며, 화가 나거나 힘든 상황에서도 건전한 방법으로 다룰 줄 아는 감정 능력은 어릴 때부터 길러야 하는 중요한 힘입니다.

심리학 연구에서도 정서 조절력이 높은 아이일수록 또래 관계와 학업 참여도가 높고, 스트레스 상황에서도 회복력이 뛰어나다는 결과가 꾸준히 보고되고 있습니다. 대표적으로 '감성 지능EQ' 연구로 유명한 세계적인 심리학자 대니얼 골먼Daniel Goleman은 "감정을 이해하고 조절할 수 있는 능력이 사회적 성공과 학습 성취에 큰 영향을 미친다"라고 강조했습니다. 부모와 자녀 간 감정 코칭 전문가인 존 가트맨John Gottman도 "부모가 아이의 감정을 인정하고 대화를 통해 다뤄 줄 때 아이의 공감 능력과 자기 통제력이 함께 향상된다"라고 말했지요.

학교 현장에서도 이러한 결과는 그대로 드러납니다. 감정적으로 미숙한 아이일수록 교실 적응이 더디고, 특히 친구 관계에서 어려움을 겪는 경우가 많습니다. 모둠 활동 중 작은 오해에도 쉽게 울거나 화를 내고, 갈등 상황에서 회피하거나 폭발로 반응하기도 하지요.

반면 감정을 인식하고 다룰 줄 아는 아이는 갈등이 생겨도 대화를 통해 해결하려 하고, 새로운 환경에서도 안정감을 유지합니다. 이러한 감정 조절 능력은 결국 자신을 스스로 조절하며 배우는 자기 주도 능력의 바탕이 됩니다.

독서는 감정을 조절하고 통제할 수 있는 방법을 주인공이 놓인 상황을 통해 간접 체험하게 해 줍니다. 주인공이 슬픔을 이겨내는 방법을 알려 주고, 위기가 닥쳤을 때 문제를 발 빠르게 해결하는 장면을 보며 아이는 감정 다루는 법을 자연스럽게 흡수합니다.

하지만 현실에서는 책에서 읽은 대로 행동하기 쉽지 않습니다. 이때 책 대화는 감정 조절을 연습할 좋은 기회가 됩니다. 부모님과의 대화로 조절의 방향이 옳은지 그른지 한 번 더 점검하고 고칠 수 있기 때문입니다.

어떤 책을 읽어야 감정 조절 경험을 할 수 있을까요? 행복, 불행, 외로움 등 우리가 살아가면서 느끼는 감정을 잘 드러낸 '감정 그림책'을 추천합니다. 상처를 받아들이며 성장하는 주인공의 이야기를 담은 판타지 동화《한밤중 달빛 식당》으로 대화를 나눈다고 가정해 보겠습니다.

외로운 아이 '연우'는 신비한 식당을 발견합니다. 연우는 나쁜 기억을 음식으로 바꿔 주는 이 식당에서 계속해서 음식을 먹는데 이상하게 먹을수록 마음 한편이 허해집니다. '나쁜 기억을 없애면 정말 행복해질까?'라는 묵직한 주제를 다룬 이야기지요.

부모와 아이는 어떤 책 대화를 할 수 있을까요? 두 가지 방법이 있습니다. 하나는 주인공의 감정을 알아차리는 것부터 나의 일상에 적용하기까지 감정 인식, 감정 표현, 감정 조절의 순으로 차근차근 이야기하는 것입니다. 이 과정에서 타인의 감정을 이해하는 힘이 자라납니다. 다음은 이러한 단계가 잘 드러난《한밤중 달빛 식당》을 읽은 후 책 대화의 예시입니다.

부모: 연우가 왜 나쁜 기억을 없애고 싶어 했을까?

아이: 나쁜 기억은 생각하면 불편하고 짜증 나니까요.

부모: 맞아. 엄마(아빠)도 가끔 나쁜 기억을 팔고 싶다는 생각을 한 적이 있어. 너도 그런 적 있니?

아이: 응. 나만 빼고 친구들이 자기들끼리 놀 때요. 그때 정말 속상하고 슬펐어요.

부모: 그랬구나. 많이 외롭고 서운했겠다. 그런데 그때의 나쁜 기억에서 배운 게 없을까? 책에서 연우도 나쁜 기억을 없애면 행복해질 줄 알았는데, 오히려 더 슬퍼졌다고 했잖아.

아이: 맞아요. 생각해 보니까, 그때 친구들이랑 겪었던 일이 있었기 때문에 다음에 비슷한 상황이 생기면 어떻게 해야 할지도 알 것 같아요.

부모: 그렇지. 나쁜 기억도 우리 마음을 단단하게 만들어 주는 경험이 될 수 있단다.

1단계: 감정 인지하기

"주인공은 왜 울었을까?" "그때 주인공은 어떤 기분이었을까?"처럼 타인의 마음을 들여다볼 수 있는 질문을 던지는 것이 중요합니다. 이때 아이는 주인공의 감정을 짐작하고 공감하는 동시에, 비슷한 상황에서 자신은 어떤 기분이었는지를 떠올리게 됩니다.

앞의 예시에서 부모가 '연우가 왜 나쁜 기억을 없애고 싶어 했을까?'라고 묻자 아이가 자연스럽게 '나쁜 기억은 생각하면 불편하고 짜증 나니까요'라고 대답하는 부분이 이를 잘 보여줍니다.

2단계: 감정 표현하기

아이가 자신의 감정을 직접 말로 표현해 볼 수 있도록 돕는 것이 중요합니다. 부모는 아이의 대답에서 정답을 찾으려 하지 말고, "그랬구나" "속상했겠다"처럼 공감의 언어로 반응하며 아이가 감정을 편히 꺼낼 수 있는 분위기를 만들어 주세요. 또한 "너도 그런 적 있니?" "그때 어떤 기분이 들었어?"처럼 경험으로 연결하는 질문을 던지면, 아이는 주인공의 감정을 자신에게 비춰 보며 자신의 마음을 자연스럽게 표현할 수 있습니다.

앞의 예시에서 부모가 '맞아, 엄마(아빠)도 가끔 나쁜 기억을 팔고 싶다는 생각을 한 적이 있어. 너도 그런 적이 있니?' '그랬구나, 많이 외롭고 서러웠겠다. 그런데 그때의 나쁜 기억에서 배운 게 없을까?' 는 이러한 감정 표현 대화를 잘 이끌어 가는 말입니다.

3단계: 감정 실천하기

책에서 배운 감정 다루는 방법을 일상 속 상황으로 확장하는 것이 중요합니다. 부모는 아이가 느낀 감정을 단순히 털어 놓는 데 그치지 않고, 비슷한 상황이 다시 올 때 어떻게 행동하 면 좋을지 스스로 생각해 보도록 유도해야 합니다. "그런 상황 이 다시 온다면 어떻게 해 볼 수 있을까?" "다음엔 어떤 말을 해 볼까?" 같은 질문이 도움이 됩니다. 또한 아이가 스스로 정한 방 법을 실천했을 때는 "그렇게 하니까 기분이 어땠어?" "네가 선 택한 방법이 잘 통했구나"처럼 결과를 함께 되짚으며 감정 조절 경험을 강화해 줍니다.

앞의 예시에서 '그렇지. 나쁜 기억도 우리 마음을 단단하게 만들어 주는 경험이 될 수 있단다'라는 부모의 마지막 말은 위 로를 넘어 아이가 자신의 경험에서 배움을 찾아 스스로 감정을 다스리는 법을 익히게 하는 발판이 됩니다.

19

다양한 감정 어휘로
기분을 표현해요

같은 책을 읽는다 해도 책 대화의 방법은 달라질 수 있습니다. 앞서 살펴본 방법이 감정을 인식·표현·조절하는 과정의 이해를 돕기 위한 이론 중심의 가이드였다면, 이번에는 감정을 구체적인 상황과 어휘로 표현하고 익히는 실천형 가이드를 소개합니다. 대화하면 '이 감정이 어떤 상황에서 생기는지'를 자연스럽게 떠올려 볼 수 있습니다.

이러한 책 대화는 감정을 이유와 맥락이 있는 마음의 신호로 바라보게 합니다. 더 나아가 주어진 상황에서 어떻게 행동하는 것이 옳은지 알고, 자신의 반응을 스스로 조절할 수 있으며, 타인의 감정에도 공감하는 힘이 자라게 됩니다.

읽기 전: 감정 어휘로 다가가기

책을 읽기 전에 아이와 함께 감정 어휘를 확인해 보세요. 감정 카드를 활용하거나 아래의 감정을 표현하는 여러 단어를 함께 보며 해당 감정을 언제, 어떤 상황에서 느꼈는지 이야기 나누면 좋습니다. 모르는 단어가 나오면 "이건 어떤 기분일까?" 하고 질문하며 함께 정의해 보세요. 아이의 최근 경험과 연결해 대화하면 훨씬 생생하게 이해할 수 있습니다.

기쁘다	슬프다	화나다	놀라다	불안하다
행복하다	외롭다	짜증나다	당황하다	초조하다
즐겁다	서운하다	분하다	긴장하다	걱정하다
만족하다	속상하다	억울하다	당혹하다	두렵다
감사하다	우울하다	뿌듯하다	신기하다	후회하다

읽기 중: 감정을 느끼고 적절함 판단하기

책을 읽어 줄 때는 인물이 느끼는 감정을 짚으며 대화를 나눠 보세요. 감정을 나타내는 단어에 형광펜을 긋거나 스티커를 붙여 표시해 두고 이렇게 물어보면 좋습니다.

감정을 어떤 어휘로 나타냈는지, 나라면 어떤 말과 행동으로 표현했을지를 함께 살펴봅니다. 감정을 구체적인 언어로 표현해 보는 과정에서 아이는 '이런 감정을 이렇게 드러내는 게 괜찮을까?' 하고 감정의 적절성을 판단하게 됩니다. 주인공의 감정 표출이 올바른 것이었는지에 대해 분석하고 평가하는 한 단계 높은 사고로 나아가는 것이지요.

읽기 후: 나의 경험에 적용하기

책에 나온 감정에 관한 이야기를 다루고, 말하고, 표현하는 활동으로 세 가지를 추천합니다.

첫 번째는 '상황극 해 보기'입니다. 책 속 갈등 상황을 역할극으로 나타내 올바른 감정 표현을 할 수 있도록 유도하면 좋습니다. 상황극은 부모와 아이 모두에게 익숙한 책을 활용해 보는 것이 좋습니다. 예를 들어 이솝우화처럼 짧은 이야기로 구성된 우화집 속 〈개미와 베짱이〉〈여우와 두루미〉 같은 이야기를 읽은 뒤 상황극으로 이어지는 활동을 할 수 있습니다.

특히 〈여우와 두루미〉에서는 서로의 입장만 생각하는 모습이 잘 드러나는데, 이때 "여우(또는 두루미)가 친구를 배려하는 장면으로 바꿔서 말해 볼까?"라고 제안하면 좋습니다. 이런 활동을 통해 아이는 상황을 다시 표현해 보며 상대방의 입장에서 생각하고 배려하는 마음을 자연스럽게 배워 갈 수 있습니다.

두 번째는 '감정 카드 만들기'입니다. 다양한 상황에서 어떤 감정을 표현할 수 있는지를 그림으로 나타내 보는 활동입니다. 상황을 가정한 다음, 나라면 어떤 감정을 떠올릴지 감정의 종류를 적고 이를 간단한 표정으로 나타내는 것입니다. 이모티콘으로 그려도 좋습니다.

상황	달리기에서 일등을 했어요!	친구가 내 물건을 함부로 만져요!	그림을 잘 그렸어요!
감정	기쁨, 환희 등	화남, 당황 등	즐거움, 뿌듯함 등
그림			

세 번째는 '한 줄 감정 일기 쓰기'입니다. '오늘은 친구가 놀려서 속상했다. 다음에 또 그런 일이 있으면 놀리지 마라고 해야겠다'같이 자신의 감정을 간단하고 솔직하게 적습니다. 아이 스스로 자신의 감정을 말로 표현하고, 사람마다 감정을 느끼는 방식이 다를 수 있다는 것을 배우는 것이 핵심입니다.

책 대화를 통해 아이는 자신의 감정을 꺼내고, 다루는 연습을 합니다. 감정을 알아차리고, 표현하고, 조절하는 경험이 쌓이면 감정에 휘둘리기보다 한 걸음 물러서서 스스로의 마음을 바라보고, 타인의 마음도 이해할 수 있게 됩니다. 그래서 감정을 다룰 줄 아는 아이는 어려운 순간에도 감정에 휩쓸리지 않고, 상황을 차분히 판단해 선택할 수 있는 가장 좋은 방법을 찾아 행동하게 됩니다.

생각과 감정을 넓히는 독후 활동

저학년 시기에는 학교 적응과 또래 친구와의 관계 형성을 위해서 아이의 마음도 읽어 주는 것도 매우 중요합니다. 이때 가정에서의 책 대화는 아이의 솔직한 마음을 듣는 매개체가 됩니다. 아이가 등장인물이 놓인 상황에 이입해 자신이 겪은 비슷한 경험을 털어놓고, 당시의 생각과 감정을 이야기하기 때문입니다.

이는 자기 주도성을 키우는 자기표현 경험의 일환입니다. 부모는 책 속 인물의 행동에 빗대어 그럴 때는 어떻게 행동하면 좋은지 알려 줄 수 있습니다. 여기서는 자기표현과 감정 조절을 한층 강화할 수 있는 독후 활동을 소개하겠습니다.

그림에 담긴 이야기를
상상해 봐요

글 없는 그림책은 오직 그림으로만 구성됐기에 아직 읽기가 서툰 학생들에게 좋은 대화 교재가 될 수 있습니다. 그림을 하나하나 살펴보며 설명해 줄 수 있어 다양한 활동이 가능합니다. 같이 책을 읽고 이야기를 나누는 책 대화가 어렵다면 처음부터 글 없는 그림책으로 책 대화를 시도해도 좋습니다. 방법은 여러 가지인데, 대표적인 몇 가지를 알려 드리겠습니다.

장면을 이야기로 상상하기

그림책 속 한 장면을 함께 살펴본 뒤, 부모님이 먼저 떠오른 이야기를 한 문장으로 말해 보세요. 부모가 능숙한 독자로서 상상력을 발휘하는 모습을 보여줄 때 아이가 훨씬 편안하게 참여할 수 있습니다. 아이의 상상 속 이야기에는 그날 또는 최근에 아이가 느끼고 겪은 감정이나 상황이 투영되는 경우가 많기 때문에, 이 활동은 부모가 자녀의 내면을 들여다보는 좋은 기회가 되기도 합니다.

글 없는 그림책 《노란 우산》은 노란 우산을 중심으로 다양한 비 오는 날의 풍경을 보여줍니다. 비 내리는 날 우산 하나만 있는 그림을 보고 어떤 생각을 할 수 있을까요?

아이에게 물어보기 전에 먼저 부모가 이야기를 만들어 보세요. 이야기를 잘 만들려고 하지 않아도 됩니다. 이야기의 3요소를 생각하며 누가(인물), 언제·어디서(배경), 무슨 일이 생겼는지(사건)를 중심으로 말해 주세요.

말풍선에 대사 넣기

글 없는 그림책에서는 등장인물이 어떤 말을 했을지 상상해 보는 활동이 재미있습니다. 탈부착식 메모지를 이용해 인물의 대사를 직접 써 보세요. 예를 들어 글 없는 그림책의 대가 데

이비드 위즈너David Wiesner의 《구름 공항》에서는 첫 장면에서 스쿨버스가 엠파이어 스테이트 빌딩 앞에 도착하고, 주인공이 엘리베이터를 타고 위로 올라갑니다. 주변에는 안개가 자욱하게 깔려 있어 주인공은 두리번거리며 주변을 살핍니다. 이때 주인공의 마음을 상상하며 말풍선을 적어 볼 수 있습니다.

원래 그림

메모지에 말풍선을 넣은 그림

장면마다 '등장인물이 어떤 말을 했을까?'를 중심으로 이야기를 나눠 보세요. 무엇보다 시간의 순서에 따라 이야기를 창작하지 않아도 되기 때문에 아이들이 더 쉽게 대화 활동에 참여할 수 있습니다.

아이와 읽어 볼 만한 글 없는 그림책

《구름공항》 데이비드 위즈너 ǀ 시공주니어 ǀ 2017

주인공 소년은 뉴욕 맨해튼의 전망대에서 장난꾸러기 꼬마 구름을 만납니다.
소년은 꼬마 구름의 안내로 획일적인 구름만 제작하는 '구름 발송 센터'에 가
게 되고, 구름 모양을 색다르게 바꿉니다. 이 사건으로 소년은 어떻게 될까요?
그림책 속 소년이 돼 말풍선 속에 대사를 써 보는 활동을 추천합니다.

《이상한 화요일》 데이비드 위즈너 ǀ 비룡소 ǀ 2002

평범한 화요일 저녁 8시, 연못의 개구리와 두꺼비들이 연꽃 잎사귀를 타고 마
을 상공을 누비는 기이하고 대담한 비행이 시작됩니다. 사람들이 목격한 이 기
묘한 장면은 진짜였을까요? 생생하고 유머러스한 전개로 상상의 세계를 마음껏
펼쳐볼 수 있는 책입니다. 마지막 장면을 보고 다음 이야기를 예측해 보세요.

《파도야 놀자》 이수지 ǀ 비룡소 ǀ 2017

한국을 대표하는 그림책 작가 이수지의 작품으로, 바닷가에 간 소녀가 파도와
친구가 돼가는 모습이 담겨 있습니다. 먹선과 파란색, 흰색만으로 구성된 단
순한 색감이 오히려 생생하고 역동적인 분위기를 만들어 냅니다. 그림책 속
소녀의 감정 변화를 따라가며 대화하는 활동을 해 보세요.

《여름이 온다》 이수지 ǀ 비룡소 ǀ 2021

비발디의 《사계》 중 〈여름〉에서 영감을 받아 그린 작품으로, 원과 선, 파란색
으로 생동감 넘치는 여름의 풍경을 그려 냈습니다. 비발디의 음악을 함께 들
으며 이야기를 나누면 더욱 풍부하게 느낄 수 있습니다. 독후 활동으로는 같
은 음악을 들으며 선과 색으로 '나만의 여름'을 표현해 보기를 추천합니다.

《눈사람 아저씨》 레이먼드 브릭스 ǀ 마루벌 ǀ 2009

눈 내리던 어느 날, 소년이 만든 눈사람이 살아나 둘이 함께 눈사람 나라로 모
험을 떠나게 됩니다. 만화 형식으로 구성돼 있어 읽기 쉬우며 따뜻한 감동이
전해지는 그림책입니다. 아이와 함께 '눈사람 아저씨'를 주인공으로 나만의
그림책을 만들어 보는 활동을 해 보세요.

동시에는 운율과 언어적 유희가 가득해 언어 감각을 기르는 데 좋습니다. 다음 시를 읽어 보겠습니다.

반딧불

윤동주

가자 가자 가자
숲으로 가자
달 조각을 주우러
숲으로 가자

그믐밤 반딧불은
부서진 달 조각

가자 가자 가자
숲으로 가자
달 조각을 주우러
숲으로 가자

　동시의 리듬과 풍부한 표현은 단어와 문장을 소리 자체로 체화하게 해 읽기 유창성을 높이는 데 직접적인 도움을 줍니다. 또한 슬픔, 기쁨, 억울함 등 일상의 소소한 감정을 함축적으로 다루기에, 아이들의 정서 및 사회성 발달에 유용합니다.

1단계: 소리 내어 읽기(낭독하기)

　동시 읽기에서 첫 번째로 해야 할 일입니다. 먼저 부모님이 한 번 천천히, 행과 연의 멈춤을 살려서 또 리듬감 있게 낭독해 주세요. 다음 예시처럼 빗금 한 번에는 한 번 쉬고, 빗금이 두 번 그어진 곳에서는 더 오래 쉬면 됩니다.

가자 / 가자 / 가자 //

숲으로 / 가자 //

달 조각을 / 주우러 //

숲으로 / 가자 //

　이는 아이가 동시의 운율과 정확한 끊어 읽기, 감정의 억양까지 자연스럽게 익힐 수 있는 좋은 역할 모델이 됩니다. 부모의 낭독을 통해 아이는 글자를 해독하는 것을 넘어, 동시에 담긴 정서와 의미를 소리로 체화하는 방법을 배울 수 있습니다.

그런 다음 아이가 직접 낭독할 수 있게 해주면 좋습니다.

2단계: 외워서 읽기[암송하기]

암송의 좋은 점은 시를 외우는 과정에서 집중력과 기억력이 자연스럽게 향상될 수 있고, 장면을 떠올리며 시의 의미에 집중할 수 있다는 것입니다. 이때도 아이에게만 외우라고 할 것이 아니라 부모도 함께 암송하며 본을 보여줘야 합니다.

3단계: 시 바꿔 쓰기[한 구절 바꿔 쓰기 → 전체 바꿔 쓰기]

창의적 활동으로 '동시 창작하기'가 있습니다. 반드시 해야 하는 활동은 아니지만 나만의 동시로 재창조하는 활동은 아이의 언어 감각 및 표현력, 창의적 사고에 도움을 줍니다. 처음에는 시의 일부만 바꾸거나 운율은 그대로 두는 식으로 써 보다가 전체 문장 바꾸기로 확장해 보세요. 다음은 시에 나온 단어 중 '달 조각'을 '햇살 조각'으로 바꿔 써 본 예시입니다.

가자 가자 가자 숲으로 가자 달 조각을 주우러 숲으로 가자	가자 가자 가자 숲으로 가자 햇살 한 조각을 주우러 숲으로 가자

그믐밤 반딧불은
부서진 달 조각

가자 가자 가자
숲으로 가자
달 조각을 주우러
숲으로 가자

반짝이는 아침 이슬은
환한 햇살 한 조각

가자 가자 가자
숲으로 가자
햇살 한 조각을 주우러
숲으로 가자

　특정 단어가 바뀌면 해당 단어를 수식하는 형용사도 자연스럽게 바뀌게 됩니다. 시인의 언어를 조금이나마 느낄 수 있는 활동이지요. 이처럼 동시를 통해 감정을 표현하는 다양한 어휘와 형용사를 경험하는 것은 감정을 여러 말로 섬세하게 표현하는 능력을 길러 줍니다. 감정을 언어로 정교하게 분화해 표현할 수 있을 때, 아이는 충동적인 행동 대신 언어를 통해 감정을 다루고 조절하는 힘을 키울 수 있습니다.

《끝말잇기 동시집》 박성우 글·서현 그림 | 비룡소 | 2019

40편의 끝말잇기 동시와 네 컷 만화 삽화로, 아이들은 예측 불허의 신선한 상상과 재밌는 상황을 경험하며 우리말의 리듬과 흥, 맛과 멋을 배우게 됩니다. 처음에는 어려운 시보다 글 놀이 형태로 즐길 수 있는 시가 좋습니다. 여기에 나오는 시제를 가지고 나만의 시를 지어 보세요.

《의성어 의태어 낱말 동시집》 박성우 글·서현 그림 | 비룡소 | 2023

아이는 소리를 흉내 내는 말(의성어·의태어)에서 큰 즐거움을 느낍니다. 이 동시집에는 '펄쩍펄쩍' '구불구불' '달랑달랑' '끄덕끄덕' 등 생동감 넘치는 말이 가득 담겨 있어 읽는 재미가 쏠쏠합니다. 자연스러운 어휘력 확장과 표현 감각 향상에도 도움이 됩니다.

《글자 동물원》 이안 | 문학동네 | 2015

글자를 뒤집고, 비틀고, 새롭게 바라보는 시인의 재치가 돋보이는 동시집입니다. 유쾌하면서도 따뜻한 시가 가득하며, "시 제목을 바꿔 볼래?" "이 시를 읽고 어떤 장면이 떠오르니?" 같은 확장 질문을 던지는 활동에도 적합합니다.

《말놀이 동시집》 최승호 글·윤정주 그림 | 비룡소 | 2020

모음 편, 자음 편, 동물 편, 비유 편, 리듬 편 총 다섯 권으로 구성된 시리즈입니다. 아이들이 소리 내어 읽으며 말의 리듬과 재미를 느낄 수 있고, 노래로도 제작돼 있어 함께 찾아보며 들으면 시를 더욱 즐겁게 경험할 수 있습니다.

《내가 왔다》 방주현 글·난다 그림 | 문학동네 | 2020

시인의 따뜻하고 다정한 시선이 담긴 작품으로, 어른이 읽어도 좋은 동시집입니다. "너라면 어떤 기분일까?" "너도 비슷한 경험이 있니?"와 같은 질문을 통해 시 속 장면을 아이의 일상 경험과 연결하며 대화를 나누기 좋습니다.

4장

자기 주도 학습으로 가는
중·고학년 책 대화

20

중·고학년에 필요한
자기 주도 경험

중학년부터 고학년까지는 교과 독서가 도입되고, 정서적으로 많은 실패와 경험을 겪으며, 또래 집단 강화가 한꺼번에 이뤄지기 때문에 개인차가 매우 큽니다. 따라서 아이의 해당 학년보다는 자녀의 읽기 수준에 맞춰 대화하는 편이 좋습니다.

특히 이 시기에는 반드시 '스스로 계획을 세우고 배우는 자세'를 익혀야 합니다. 1~2학년 때는 기초 기능에 충실했던 교과서 내용이 초등 3학년부터 조금 더 세분화·구체화되기 시작합니다. 저학년 시기가 읽기를 위한 학습이라면 3학년부터는 학습을 위한 읽기로 전환이 되며, 스스로 공부 계획을 세우고 관리하지 않으면 학습 격차도 커지기 때문입니다.

이 시기에 필요한 자기 주도성으로 자기 선택 경험, 질문 경험, 비판적 사고 경험을 꼽을 수 있습니다.

첫째,
자기 선택 경험

학습의 양과 난이도가 증가하면서 부모의 지시를 따르는 수동적 학습이 한계에 부딪히는 때입니다. 이때 필요한 자기 주도 능력의 가장 기본적인 토대가 바로 자기 선택 경험입니다. 아이가 해야 할 일을 부모가 일방적으로 결정할 경우, 아이는 자신의 삶과 공부에 대한 주체성을 갖기 어렵습니다. 스스로 선택한 일이 아니기 때문에 내적 동기는 발생하지 않고 결과를 책임지려는 의지도 약해집니다.

따라서 이 시기 아이에게 자신의 삶과 학습 영역에서 크고 작은 결정권을 넘겨줘야 합니다. 하루 일과 중 독서 시간 관리, 교과 관련 참고서 선택, 주말 놀이 계획, 공부 순서 같은 소소한 영역부터 천천히 시작하면 좋습니다. 아이는 이 과정에서 스스로 수립해 세운 목표를 이뤘다는 성취감을 얻고, 결과에 대한 책임감을 체득하게 됩니다. 책 대화는 자기 선택 경험을 연습하는 기회가 됩니다. 어떤 책을 읽을지, 책 속에서 가장 인상 깊었던 장면이 무엇이었는지를 말해 보게 하거나 다음에 읽고 싶은 주제를 직접 고르게 하는 것입니다.

중·고학년은 또래 관계가 여느 때보다 중요하게 받아들여져 사회성, 자아 정체감, 자기표현력이 발달하는 때이기도 합니다. 스스로 선택권을 갖고 추진해 본 아이는 자신의 주도성을 확립함과 동시에 다른 친구의 선택과 결정도 존중하고 공감할 줄 아는 아이로 성장합니다.

둘째,
질문 경험

학습을 위한 읽기로 전환되면 교과서와 참고서에 나오는 정보의 양이 폭발적으로 늘어납니다. 이전까지는 정보를 수동적으로 습득하는 단계였다면, 이제는 정보를 능동적으로 이해하고 가공해야 하는 단계에 접어듭니다. 이때 필요한 자기 주도 능력의 핵심은 바로 질문을 찾고 던지는 능력입니다.

질문은 단순히 모르는 것을 물어보는 행위를 넘어섭니다. '왜?'라는 질문을 던지는 순간, 아이는 글의 내용을 무비판적으로 수용하는 수동적 학습 자세에서 벗어나 능동적으로 텍스트를 파고드는 주체가 됩니다. 이는 글의 표면에 드러난 정보뿐만 아니라 이면까지 이해하게 만듭니다. 책 대화는 부모와의 상호작용 속에서 아이가 작가의 의도나 주인공의 행동에 대해 끊임없이 질문을 만들어 내는 '질문의 놀이터'가 됩니다.

실제로 궁금증과 호기심이 가장 왕성한 연령대이기도 합니다. 부모님이나 선생님과 신문을 함께 읽어 보면, 중·고학년 아이들은 예상치 못한 부분에서 "왜 기온이 올라가는 거죠?" "이 정책이 왜 좋은 거예요?" 등의 질문을 끊임없이 쏟아 냅니다. 궁금증에서 출발하는 질문 경험은 스스로 정답을 찾기 위해 끊임없이 생각하는 힘을 길러 줍니다.

질문 습관은 학습에 필요한 비판적 사고의 출발점이기도 합니다. 고학년이 될수록 아이들은 정보의 진위를 가리고, 저자의 의도나 관점을 파악하며, 다양한 지문을 연결하고 통합하는 고차원적인 독해력을 요구받습니다. 책 대화 시 스스로 질문하는 경험은 아이가 글 속의 의미와 맥락을 자기 주도적으로 발견하도록 이끌어 줍니다. 이는 복잡한 교과 내용을 이해하고 장기 학습 습관으로 이어집니다. 책 대화를 통해 아이가 정답을 찾기 전에 질문을 찾도록 격려하는 것이 이 시기 자기 주도 학습 능력 향상의 핵심이기도 합니다.

셋째,
비판적 사고 경험

교과 지식의 범위가 확장되고 인터넷과 미디어를 통해 쏟아지는 정보에 노출되는 시기입니다. 이처럼 정보의 양이 폭발적으로 증가할 때, 글 속 내용을 그대로 수용하는 수동적인 태도는 더 이상 통하지 않습니다. 특히 다음과 같은 이유로 미래 사회를 살아갈 아이들에게 비판적 사고 능력은 생존을 위한 필수 역량입니다.

첫째, 인터넷, 미디어, 인공지능 등으로 정보가 폭발적으로 증가하고 있습니다. 정보의 진위를 가릴 수 있는 비판적 판단력이 필요해졌습니다. 둘째, 수동적으로 정보가 제공되는 알고리즘의 시대에 아이들이 한 명의 현명한 시민으로서 주체적인 삶을 살아가기 위해서는 스스로 사고하는 힘이 필수적입니다. 셋째, 변화가 핵심인 가속도의 사회에서는 당면한 문제가 매번 달라집니다. 상황에 맞게 대처할 줄 알아야 하는데 이 역시 비판적 사고 능력을 통해 이뤄질 수 있습니다.

비판적으로 생각하는 경험은 단순히 옳고 그름을 판단하는 것을 넘어, 정보를 깊이 있게 이해해 나만의 것으로 가공하는 활동입니다. 이러한 능력은 누가 시켜서 길러지는 것이 아니라 스스로 판단하고 계획하고 따져 묻는 태도에서 나옵니다. 책 대화에서 '이게 정말 진짜일까?'를 따져 묻는 태도에서부터 '그렇게 말한 까닭은 무엇일까?'라며 근거를 찾으려고 되묻는 능력까지 포함됩니다.

비판적 사고는 아이가 학습의 목표와 과정을 스스로 통제하고 자신만의 관점을 형성하는 자기 주도성의 중요한 요소가 됩니다. 책 대화를 통해 글쓴이의 관점을 이해하고 이를 나의 관점으로 재해석하는 훈련을 반복할 때, 아이는 어떤 정보 환경에서도 흔들리지 않는 강력한 주체적 독해력을 갖추게 됩니다.

자기 선택, 질문, 비판적 사고와 문제 해결을 책 대화를 통해 경험하는 것은 아이가 지식의 수용자에 머무르지 않고, 배움의 주체이자 해석자로 성장하는 핵심 동력이 됩니다. 이러한 주도적인 독서는 아이에게 스스로 결정하고, 궁금증을 파헤치며, 정보의 진위를 가릴 줄 아는 힘을 길러 줍니다. 나아가 복잡한 사회와 학습 환경에서도 흔들리지 않는 자기 효능감self efficacy 을 갖춘 아이로 성장하게 합니다.

그렇다면 이러한 자기 주도 경험의 세 가지 능력을 효과적으로 키우기 위해, 초등 중·고학년 시기에는 어떤 종류의 책을 읽고 어떤 주제로 대화해야 할까요? 이제 중·고학년 아이들의 독해력과 사고력을 확장하는 구체적인 책의 종류와 책 대화 방법에 대해 살펴보겠습니다.

21

읽기 격차를 줄이는
독서 이탈 방지법

독서 연구가들은 이 시기를 '읽기 자립기'라고 말합니다. '스스로 책을 읽고 의미를 구성하는 행위가 가능한 시기'라는 뜻이지요. 점점 소리 내어 읽기에서 소리 내지 않고 속으로 글을 읽는 묵독으로 진행되며 학년이 높아질수록 다양한 읽기 수행 능력이 요구됩니다. 교과 독서가 시작되기 때문입니다. 내용을 요약할 줄 알아야 하며 기초 독해 단계에 진입해 사실적·비판적·추론적 독해를 해야 하지요. 문제는 그만큼 읽기에 흥미를 잃기 쉬운 때라는 점입니다. 따라서 책 대화와 함께 다음의 읽기 전략을 병행해야 합니다.

아직 문자 해독 단계에 있는 아이도 있는 반면 독서 능력이 월등히 높은 아이도 있습니다. 이러한 격차는 학년이 올라갈수록 더욱 커지는데. 이를 두고 '읽기의 마태 효과matthew effect'라 합니다. 미국의 사회학자 로버트 머튼Robert Merton이 빈익빈 부익부 현상을 설명하며 "무릇 있는 자는 받아 풍족하게 되고 없는 자는 그 있는 것까지 빼앗기리라"는 성경의 마태 복음 구절을 인용한 적이 있는데, 이를 읽기에 적용한 것이지요.

쉽게 말해 잘 읽는 아이는 더욱 잘 읽게 돼 더 많은 책을 읽고 어휘력이나 배경지식이 점점 늘어나지만 읽기 어려움을 겪는 아이는 낮은 읽기 경험으로 점점 뒤처진다는 뜻입니다. 초등학교 시기의 읽기 교육의 중요성을 강조하는 용어로 읽기 격차를 줄이는 데 최선을 다해야 한다는 의미입니다.

따라서 이야기책(문학)뿐만 아니라 정보 책(비문학) 읽기도 이뤄져야 합니다. 문학을 읽을 때는 재미와 감동, 즉 공감력을 얻을 수 있습니다. 주인공이 겪는 고난의 서사를 간접적으로 체험하며 때로는 눈물이 울컥 쏟아지기도 하고, 무례한 사람에게 사이다 같은 말을 하며 당당하게 맞서는 주인공을 응원하기도 하지요.

중·고학년이 되면서 아이들은 SNS를 사용하고 또래 집단의 역동적인 관계 속에서 갈등, 오해, 따돌림 등 이전보다 훨씬 복잡한 상황을 겪게 됩니다. 이때 상대방의 입장에서 상황을 이해하고 배려하는 공감 능력은 원만한 관계를 유지하고 사회적 문제를 해결하는 가장 현실적인 힘이 됩니다.

단순히 착한 아이가 되는 것을 넘어, 자신의 감정을 조절하고 타인과 건강하게 협력하는 실질적인 사회성을 기르는 기반이 되지요. 더 나아가 문학을 읽는 추체험을 통해 주어진 상황에서 올바른 행동이 무엇이었는지 성찰하며 가늠해 볼 수도 있습니다.

반면 정보나 지식을 다룬 비문학은 읽으면 어떤 효과를 볼 수 있을까요? 대표적으로 신문을 읽으면 오늘의 날씨도 알 수 있고 어떤 신간이 나왔는지, 밤새 어떤 사건 사고가 있었는지 등을 알 수 있습니다. 즉 새로운 사실을 배울 수 있으며 이는 배경지식이 됩니다.

'아는 만큼 보인다'라는 속담처럼, 더 많은 배경지식은 책의 내용과 맥락을 이해하는 데 더 큰 도움이 됩니다. 예를 들어 야구를 잘하는 아이는 야구 시합의 규칙을 알려 주는 정보 글을 매우 쉽게 이해합니다. 반면 야구를 전혀 접해 보지 못했다면, 야구의 규칙을 알려 주는 글은 매우 생소해서 여러 번 읽어야 할지도 모릅니다.

아이들의 학습량이 많아지다 보니 독서보다 다른 영역에 집중하게 됩니다. "우리 책 읽자"라고 할 때 아이들은 "시간이 없어요"라고 대답합니다. 일명 '다시 책으로'라는 프로젝트를 시작해야 하는 시기지요. 다양한 유인책을 통해 아이들이 읽기와 멀어지지 않게 해야 합니다. 아이가 싫어하는 책이나 어려운 책으로 접근하기보다 짧은 글이 담긴 책, 영상화된 책 등 아이의 관심을 끌 만한 도서로 대화를 할 필요가 있습니다.

또한 책을 혼자 읽는 경우가 많아 협력적 읽기 경험이 필요합니다. 또래 친구와 뭔가를 같이 하고 싶어하는 시기이므로 북토크, 책 동아리, 독서 클럽, 독서 캠프 활동에 참여할 수 있는 기회를 제공하거나 그러한 분위기를 조성해야 합니다. 책을 매개로 또래 친구들은 같은 책을 읽고 어떤 생각을 하는지, 참고할 만한 내용은 없는지 살펴봄으로써 스스로의 읽기 또한 점검할 수 있는 좋은 기회가 될 것입니다.

결국 중·고학년 시기에 필요한 읽기 자립 능력은 균형 잡힌 독서와 책 대화의 통합으로 완성됩니다. 책 대화를 통해 아이는 흥미를 독서로 연결하고, 스스로 책을 고르는 자기 선택 경험과 끊임없이 '왜?'를 묻는 질문 경험을 쌓습니다. 더 나아가 또래와 생각을 나누는 협력적 읽기를 통해 비판적 사고 경험을 축적하게 됩니다.

이러한 전략은 아이가 주어진 지식을 수용하는 것을 넘어 스스로 탐구하고 결론을 도출하는 주체가 되도록 이끌어 줍니다. 독서와 대화를 통해 획득한 이러한 자기 주도성은 아이를 초등 중·고학년 이후에도 배우고 성장하는 주체로 만들어 줄 것입니다.

22

책을 고르며
읽기의 주도권을 쥐어요

미국의 소아 심리학자인 로버트 프레스먼Robert Pressman이 동료 연구자들과 함께 쓴《숙제의 힘》에는 '성공하는 아이를 위한 여덟 가지 습관'이 나옵니다. 그중 시간 관리 습관과 한정된 자원 속에서 자립하는 습관에 주목해 반 아이들과 매일 아침, 등교하자마자 하루 계획표를 작성한 적이 있습니다. 손바닥만 한 메모장을 나눠 주고 누가 시키지 않아도 자발적으로 하고 싶은 일 세 가지를 적게 했습니다.

조건은 단순했습니다. 그 일을 했는지, 안 했는지를 알 수 있게 측정할 수 있게 적어야 한다는 것이었습니다. 예를 들어 줄넘기를 하고 싶다면, '줄넘기를 열심히 한다'는 '열심히'의 기

준이 애매해 측정이 어려우니 '줄넘기를 모둠발로 100번 뛴다'
라는 식으로 가능한 목표를 적는 것이었지요. 시간이라는 한정
된 자원을 주도적으로 사용하게끔 약 한 달간 진행했습니다.

마찬가지로 책을 선택할 때도 아이들의 자발적인 참여를
유도하려고 했습니다. 강제성은 어떤 일을 지속하는 데 매우 중
요한 흥미를 잃게 만드는 요인이 됩니다. 스스가 원해서 읽어야
꾸준히 읽는 독자가 될 수 있습니다.

자발성을 해치지 않고 책 고르기를 돕는 법

강연에서 가장 많이 듣는 학부모의 고민도 "아이가 자발
적으로 책을 읽지 않아요"입니다. 아이의 관심사와 관계없이
부모님이 좋은 책을 찾아 주는 경우가 많기 때문입니다. 가끔
동네 도서관에서 책 수레를 가지고 와서 한가득 싣고 가는 어
머니의 모습을 보면서 그 열정에 놀랐던 기억이 있습니다. 하
지만 엄마와 아빠가 아이들의 독서를 위해 평생 책 수레를 끌
수는 없습니다.

읽고 싶은 책을 골라 오라고 했을 때 아이가 읽고 싶은 책
이 없거나 선택지가 너무 많아져 고르지 못할 수도 있습니다.
이럴 때는 단계적인 접근을 통해 아이가 스스로 한 책 선택에

만족하고 책임감을 가질 수 있도록 다음과 같은 방법으로 도와 줄 수 있습니다.

하나. 읽었던 책에서 다시 선택하게 하기

낯선 것보다 익숙하고 친숙한 것에서부터 선택권을 연습할 수 있게 해 주세요. 이는 아이에게 조금 더 책 선택에의 자신감을 주고, 어렵지 않게 그 미션을 수행할 수 있는 동기를 부여합니다.

둘. 한정된 공간에서 책 선택하기

서점 또는 도서관 전체에서 고르게 하지 말고 서점이라면 어린이책만 모아 둔 매대 한 곳에서 선택하기를 권해 보세요. 도서관이라면 책을 분류한 기호인 청구 기호에 따라 선택하게 하는 것도 좋습니다.

셋. 부모님에게 권해 주고 싶은 책 선택하기

글을 쓸 때 이 글을 누가 읽을지를 고려하면 주제나 문체가 명확해지는 것처럼, 내가 고른 책을 읽을 누군가를 떠올리게 한다면 아이가 더 쉽게 책을 선택할 수 있습니다. 또한 아이의 책 취향을 파악하기도 좋습니다. 자신이 재미있게 읽은 책을 부모님에게 추천해 주기도 하기 때문입니다.

아이가 스스로 책을 고르는 경험은 자기 주도적 독서의 시작입니다. 책을 선택하기 위해서는 스스로 어떤 책을 즐겨 읽는지에 관한 자기 인식이 필요하며 이 경험이 쌓일수록 자존감과 책임감이 생겨납니다. 자신의 관심사와 흥미가 반영된 책 선택 경험이 중요한 이유지요.

좋아하는 책이 어디에 있는지 알려 줄 것

막상 도서관에서 아이에게 책을 선택하라고 말하면 '어디서 찾아야 할지 모르겠다'라는 반응을 보이는 아이도 많습니다. 책이 있는 장소를 알려 줄 때는 바로 책이 있는 곳으로 데려다주기보다 스스로 찾아보게 하는 것을 추천합니다. 이때 도서관 검색대에 책 제목을 검색하면 나오는 서지 정보와 청구 기호를 활용하라고 말해 주면 좋습니다.

서지 정보는 책의 신분증이라고 할 수 있습니다. 제목과 저자 이름, 발행연도, 크기, 발행한 출판사 등 어떤 책을 특정 짓는 데 필요한 사항을 정리해 둔 자료입니다. 다음은 서지 정보표의 예시를 간략히 적은 것입니다. 항목의 순서는 도서관마다 다를 수 있습니다.

항목	뜻	예시
책 제목	책 이름	너의 베프가 되고 싶어
지은이 (저자)	글을 쓴 이	김지원
그린이 (그림)	그림을 그린 이	김도아
출판사	책을 만들어 세상에 내보내는 회사	한솔수북
출판연도	책이 처음 세상에 나온 해	2024년
쪽수 (페이지 수)	책의 총 쪽수	100쪽
ISBN	책마다 가진 고유 번호	9791193494387
주제어 (키워드)	책의 중심 내용	베프, 친구, 우정
청구 기호 (Call No.)	도서관에서 책이 있는 위치를 알려 주는 번호	아 813.8-김785ㄴ

청구 기호는 무엇일까요? 도서관을 집이라고 한다면, '책이 비치돼 있는 주소'라고 할 있습니다. 도서관에서 책을 빌리면 책등에 번호가 붙어 있을 텐데, 이것이 바로 청구 기호입니다. 책을 찾기 쉽도록 분류한 번호를 적어 둔 것이지요. 청구 기호는 다음과 같이 구성됩니다.

청구 기호 순서	내용
별치 기호	책의 성격에 따라 일반 도서, 참고도서, 논문, 아동서, 청소년 도서 등으로 분류한 기호입니다. 도서관마다 별치 기호가 다르고 분류 기준에 따라 붙이기도, 붙이지 않기도 합니다.
분류 기호	도서를 주제별로 나눠 숫자로 표현한 기호입니다. 철학 도서인지, 문학인지, 예술 도서인지에 따라 000번부터 맨 앞자리 숫자를 바꿔 900번대까지로 표기합니다.
도서 기호	저자 이름의 가장 앞 글자와 〈저자기호법〉에 따른 분류 기호, 책 제목의 첫 글자 또는 초성을 합한 기호입니다.
부차적 기호	연도 기호, 권차 기호, 복본 기호로 구성됩니다. 시리즈물의 권수를 나타내기 위한 용도나 해당 도서관에 중복되는 도서가 있을 때 이를 구분하기 위한 보조적인 기호로 쓰입니다. 부차적인 숫자이기에 모든 도서에 붙지는 않습니다.

이 중 분류 기호만 알아도 대략 어느 서가에 책이 꽂혀 있는지 알 수 있습니다. 예를 들어 앞의 서지 정보에서 《너의 베프가 되고 싶어》의 청구 기호는 '아 813.8-김785 ㄴ'이었습니다.

여기서 '아'는 별치 기호, '813.8'은 분류 기호, '김785ㄴ'은 저자 기호입니다. 다음은 분류 기호표입니다.

분류 기호	주제 분야	설명
000	총류	여러 가지 지식을 모아 둔 책. 백과사전, 도감, 사전 등
100	철학	생각하는 방법, 마음, 행복 등
200	종교	불교, 기독교, 신 등
300	사회과학	우리 사회, 경제, 역사, 직업, 정치 등
400	자연과학	동물, 식물, 물리, 화학, 별, 지구 등
500	기술과학	의학, 공학, 발명, 요리, 농사, 컴퓨터 등
600	예술	미술, 음악, 영화, 건축, 디자인 등
700	언어	국어, 영어, 한자, 외국어 등
800	문학	동화, 시, 소설, 만화 같은 이야기책
900	역사·지리	옛날 사람들의 이야기, 세계 나라, 지도, 여행, 역사 등

이에 따르면 분류 기호 813.8인 《너의 베프가 되고 싶어》는 800번대이므로, 문학 서가가 있는 곳으로 가서 찾아보면 좋겠다고 말해 줄 수 있겠지요.

도서관에 자주 다니는 아이라면 청구 기호를 알 수도 있지만 모르는 경우가 대부분입니다. 평소 자녀에게 질문 놀이 하듯이 청구 기호를 물어보면 좋습니다. 예를 들어 '동화책은 몇 번대에 있을까?' '공룡에 대해 알고 싶다면 몇 번대로 가서 찾으면 될까?' 같은 기본적인 질문이면 됩니다.

서지 정보를 알면 읽고 싶은 책의 기본 정보를 파악할 수 있고, 책 분류 기준을 이해하면 도서관에서 그 책이 몇 번 코너에 있는지 쉽게 찾을 수 있습니다. 가정에서 함께 찾아보고 설명해 주는 시간은 아이에게 도서관을 더 친근하게 느끼게 해 줄 좋은 기회가 됩니다. 책 대화는 아이가 스스로 책을 선택하는 것에서부터 시작한다는 점을 기억해야 합니다.

23

질문의 질이 높아져야
생각의 폭이 넓어져요

고학년으로 갈수록 단순한 줄거리 질문을 넘어서 '깊이 있는 질문'이 필요합니다. 정답이 정해지지 않고 텍스트의 표면적 의미를 넘어 '왜'와 '어떻게'를 묻는 질문을 의미합니다. 초등 중학년 이상부터는 고급 사고력을 키워야 하기 때문입니다. 고급 사고력은 내용을 비판적으로 분석하고, 추론하며, 새로운 관점으로 통합하거나 적용하는 능력을 말합니다.

이는 복잡한 교과 내용을 암기하는 것을 넘어 맥락적으로 이해하고 스스로 학습의 경로를 설계하는 자기 주도 학습 능력의 핵심이 됩니다. 이 시기에는 아이가 정답을 찾는 데 익숙해지지 않도록 유도하는 것이 중요합니다.

    책 대화에서의 질문은 단순한 내용을 기억하는지 묻는 '회상 질문'과 비판, 상상, 창의적인 사고 수준을 묻는 '생각 질문'으로 나눌 수 있습니다. 같은 그림책을 읽더라도 저학년 때와 다른 질문을 던질 수 있습니다. 예를 들어 자신이 태어난 이유를 곰곰이 생각해 보는 강아지똥이 주인공인 동화책 《강아지똥》의 줄거리를 이런 식으로 물을 수 있습니다.

> · 강아지똥은 처음에 어떤 곳에 떨어졌을까?
>
> · 참새나 흙덩이는 강아지똥에게 뭐라고 말했을까?

    이는 회상 질문이며, 주로 글 속에 나타난 사실을 묻는 낮은 단계의 질문이라고 볼 수 있습니다. 학년이 올라갈수록 조금 더 의미 있는 사고력을 발휘할 수 있도록 다음과 같은 생각 질문도 던져야 합니다.

> · 왜 작가는 강아지똥을 주인공으로 내세웠을까? 이 이야기에
>   서 강아지똥이 가지는 의미는 무엇일까?

이처럼 표면적인 줄거리를 넘어 책에 담긴 핵심 가치나 삶의 보편적인 메시지를 파악하도록 질문하거나, 나의 경험과 빗대어 주인공의 감정이나 행동을 성찰할 수 있도록 질문해야 합니다.

깊이 있는 사고를 위한 질문 만들기가 어렵다면 미국 일리노이대학의 교수 태피 라파엘Taffy Raphael이 만든 질문지를 활용해 보기를 추천합니다. 라파엘은 질문을 네 가지 범주, '바로 거기에right there questions' '글과 글 사이에think and search questions' '저자와 나 사이에author and me questions' '나 자신에게on my own questions'로 나눠 설명합니다.

'바로 거기에' 질문

답이 글 속에 명확하게 제시된 유형입니다. '누가' '언제' '어디서' 등의 사실을 직접적으로 묻는 질문이 여기에 해당합니다. '주인공이 키우는 강아지의 이름은 무엇인가요?' '주인공이 집을 나선 시각은 몇 시였나요?' 등이 이에 속합니다.

'글과 글 사이에' 질문

답이 텍스트 여러 부분에 흩어져 있어 단서를 찾아 종합적으로 이해해야 하는 질문입니다. '주인공의 성격은 어떤가요?' '이야기의 중심 내용은 무엇인가요?' 같은 질문이 여기에 속합니다.

'저자와 나 사이에' 질문

명시적으로 드러나지 않아 글의 내용을 바탕으로 저자의 의도를 함께 고려해 추론해야 하는 질문입니다. 내가 읽고 이해한 것과 글에 드러난 것이 일치하는지 다시 읽고, 생각하고, 예상할 수 있지요. '작가는 왜 주인공에게 꼭 이 시련을 겪게 했을까요?' '결말에서 작가가 독자에게 전하고 싶었던 메시지는 무엇이었을까요?' 같은 질문이 대표적인 예입니다.

'나 자신에게' 질문

글의 주제를 내 삶에 비춰 대답해야 하는 질문입니다. '이 책의 주제를 우리 사회의 어떤 문제와 연결해서 생각해 볼 수 있을까?' '만약 네가 이 책의 교훈을 딱 한 가지 행동으로 실천해야 한다면, 내일부터 무엇을 다르게 해 볼 수 있을까?' 등의 질문을 할 수 있겠지요.

질문 유형을 분류해 사고의 방향을 달리함으로써 책 속에 숨겨진 의미를 적극적으로 탐색할 수 있습니다. 질문은 단순히 대화를 나누기 위해서 사용하는 수단이 아닌 스스로 생각하고 정리하기 위한 사고력 향상 도구입니다. 이는 혼자서 하는 것보다 두 명 이상 같은 책을 읽은 사람들과 함께했을 때 의미가 있습니다.

주의해야 할 사항은 앞서 언급한 내용과 같습니다. 책 대화를 할 때 부모님은 정답이 아닌 다양한 생각과 마음을 나눈다는 사실을 잊지 않아야 합니다. 가르치려는 마음을 내려놓고 자녀와 공감하고 지지하는 시간임을 기억하기 바랍니다.

또한 어려운 질문만 반복하기보다 쉽고 어려운 수준의 질문을 반복해야 하며, 자녀의 입장만 묻기보다는 여러 각도에서 대화를 나눌 수 있도록 질문해야 합니다. '너라면 어땠을까?'뿐만 아니라 '저자는 왜 그렇게 생각했을까?'처럼 다양하게 질문해야 한다는 뜻이지요.

아이에게 답을 재촉하기보다 아이가 떠올릴 감정을 인정하고 공감해 주는 것도 중요하며, 아이가 답변을 할 때까지 기다릴 줄 아는 인내심, 서로의 말을 존중하는 집중력도 필요합니다.

이야기책과 짝을 이루는
질문, '왜?'

12살 전후의 초등 중·고학년 시기는 뇌의 전두엽이 빠르게 발달하며 '왜'라는 질문을 던지고 스스로 따져 보려는 비판적 사고 능력이 급성장하는 때입니다. 이는 단순히 논리적인 지식을 쌓는 것을 넘어, 외부의 정보와 가치관을 곧바로 수용하지 않고 자신의 기준으로 선별하게 만드는 주도적인 힘이 됩니다. 따라서 비판적 사고는 타인의 의견과 수많은 정보 속에서 무엇이 옳고 그른지 올바르게 판단하고, 그 판단을 바탕으로 자신만의 관점을 가지고 주체적으로 삶을 개척해 나갈 수 있는 핵심적인 동력이 됩니다.

독서는 이러한 능력을 기를 수 있는 좋은 방법입니다. 이 시기에는 이야기책뿐만 아니라 지식을 다룬 정보 책, 영상화된 책이라면 원작과 영상의 내용을 비교하며 책 대화를 하면 깊게 사고할 수 있습니다. 먼저 중·고학년이라면 이야기책으로 어떻게 책 대화를 할 수 있는지 알아보겠습니다.

쉬운 질문으로 예열하기

이야기책은 아이들이 학교나 친구 사이를 다루는 생활 동화, 마법사들의 이야기를 다룬 판타지 동화, 우주에서 온 외계인이 등장하는 공상 과학science fiction, SF 동화 등 세부 장르로 나눌 수 있습니다. 이야기는 등장인물, 사건, 배경의 요소로 이뤄지는데, 이 세 가지에 대해 묻고 답하는 방식으로 책 대화를 진행하면 좋습니다.

대화를 시작하자마자 깊은 이해가 필요한 질문을 하는 것은 지양하기 바랍니다. 책에 대한 홍미가 떨어지기도 하는 시기이기에 쉽게 대답할 수 있는 간단한 질문을 섞어서 함께 대화해야 합니다.

다음과 같이 저학년 때도 무리 없게 나눌 수 있는 질문으로 시작하는 편이 좋습니다.

등장인물에 관한 질문

· 어떤 인물이 나와?

· 가장 마음에 드는 인물은?

· 나쁜 행동을 한 아이는 누구야? 나쁘다고 생각해?

· 주인공은 나와 비슷한 점이 있니?

· 주인공은 나와 다른 점이 있니?

배경에 관한 질문

· 도대체 이 시대에는 무슨 일이 있었을까?

· 이 시대에 대해 알고 있는 게 있니?

· 네가 이 시대에 태어났다면 어떻게 살았을까?

사건에 관한 질문

· 무슨 일이 생겼어?

· 어떻게 해결했어?

· 너라면 어떻게 해결했을까?

· 사건을 해결하는 데 누가 도와줬니?

그런 다음 비판적 사고력을 키우기 위해 생각할 거리를 던지는 질문 또는 토론 주제로 던질 만한 질문을 생각해 보면 좋습니다. 이 시기 독서 교육의 핵심이기도 합니다.

한번은 5학년 학생들과 공상 과학 소설 《몬스터 차일드》를 읽은 적이 있습니다. 돌연변이 유전자를 가지고 태어난 아이들이 차별과 편견에 맞서 싸우는 모습, 나와 내 소중한 사람들을 지키려는 노력, 모험과 연대를 그린 이야기입니다.

저는 아이들에게 "이 책의 키워드는 무엇일까?"라는 질문했습니다. 간단해 보이지만 책을 꼼꼼하게 읽지 않았다면 답하기 쉽지 않은 질문입니다. 그럼에도 차별, 우정, 편견, 용기 등의 여러 답변이 돌아왔습니다.

키워드 찾기에 몰입하면 책에서 다루는 현실 사회의 문제에 대해 곱씹어 볼 수도 있습니다. 멸종 위기의 흰바위코뿔소 노든과 펭귄 치쿠의 삶의 의미를 그린 동화, 《긴긴밤》을 예로 들어 중·고학년을 위한 책 대화 방법에 대해 구체적으로 알아보겠습니다.

순서는 책 대화의 기본 세 단계를 따라 읽기 전, 중, 후로 나눠 제시했습니다.

읽기 전에 할 수 있는 질문

· 왜 제목이 긴긴밤일까? 긴긴밤이 뜻하는 의미가 무엇일까?

· 멸종 위기 동물에 대해 알고 있니?

· 어떤 인물이 나올까? 책 표지를 보고 미리 예상해 보자!

읽기 중에 (구체적인 장면을 가리키며) 할 수 있는 질문

· 노든의 가족이 죽었을 때, 네 마음은 어떤 기분이었니?

· 치쿠가 노든을 향해 '정어리 눈곱만한 코뿔소'라고 부른 이유
  가 뭘까?

· 새끼 펭귄과 노든이 헤어질 때, 어떤 생각이 들었니?

· 새끼 펭귄은 왜 이름이 없을까?

읽은 후에 할 수 있는 질문

· 긴긴밤이 뜻하는 의미가 무엇일까?

· 왜 주인공이 코뿔소와 펭귄일까?

· 가장 기억에 남는 장면은 무엇이니?

이야기책 대화는 회상 질문에서 시작해 생각 질문으로 나

아가야 그 효과가 극대화됩니다. 단순한 줄거리 파악을 넘어 등장인물의 복잡한 감정과 사회적 맥락을 분석하는 질문을 던질 때, 아이는 비판적 사고를 통해 텍스트 속 가치를 자신의 삶에 능동적으로 연결합니다. 이러한 심화된 독서 경험은 아이에게 복잡한 문제 앞에서 쉽게 흔들리지 않는 판단력과 주체적으로 삶을 탐색하는 힘을 길러 주며, 이것이 곧 자기 주도성을 완성하는 가정 독서 교육의 핵심입니다.

25

정보 책으로
읽기 자신감을 높여요

비판적 사고 능력을 키우는 데는 이야기책보다 정보 책이 더 효과적입니다. 다만 아이들은 정보 책보다 이야기책을 더 선호합니다. 이야기책은 기승전결이 있어 전개가 비교적 비슷해 몇 권 읽다 보면 파악하기 쉽고 재미있어 더 몰입해 읽을 수 있기 때문입니다. 반면 정보 책은 패턴이 다양하고 지식으로 가득해 읽기 어려워합니다.

이럴 때는 먼저 책 대화를 통해 정보 책의 구성을 알아보는 활동이 필요합니다. 실제 교실에서도 이러한 질문으로 정보 책을 읽기 시작하니 아이들이 어려운 책도 조금 더 친근하게 느낄 수 있었습니다.

정보 책은 읽는 법을 배우지 않았다면 그만큼 읽기 어렵기 때문에 골라 오라고 하면 선뜻 가져오는 아이가 적습니다. 이는 독서를 자주 하지 않는 어른들도 마찬가지라 부모님도 아이와 함께 정보 책 보는 눈을 키워야 합니다. 다만 전문적으로 책을 분석하고 감별하려는 목적이 아니니 구성 요소를 쉽게 파악할 수 있는 책, 아이가 스스로 판단할 수 있다는 자신감을 키워 주는 책이면 충분합니다. 다음과 같은 기준을 참고하면 좋습니다.

하나. 책 표지가 선명하고 매력적인가?

아이들은 첫인상에 무척 민감하게 반응합니다. 전두엽이 덜 발달한 상태라 첫인상을 재평가하는 것, 즉 처음 입력된 정보를 수정하는 인지적 유연성이 어른보다 부족하기 때문입니다. 한번은 한 학생에게 당시 다른 아이들이 좋아하던 책을 선물했는데, 책 표지가 이상하다며 읽지 않으려 한 적이 있습니다. 책 내용이 좋다고 아무리 설명해도 이미 첫인상에서 마음이 구겨져 읽지 않으려 한 것이지요. 따라서 책 표지가 좋다, 안 좋다를 구분하는 아이 나름의 기준도 책을 고를 때 염두에 두면 좋습니다.

둘. 내용이 흥미롭고 읽기에 적절한가?

또래 아이의 수준에 맞는지 살펴보는 것입니다. 너무 낮은 수준이라 흥미를 못 끌 수도 있고, 어려운 단어나 설명이 많아서 아이가 읽기에 다소 버거울 수도 있기 때문입니다. 현재 독해 능력과 흥미의 접점에 있는 책을 골라야만 좌절하지 않고 스스로 끝까지 완독하는 자기 효능감을 경험해 다음 독서를 주도적으로 이어갈 수 있습니다.

셋. 내용은 신뢰할 만한가?

저자에게 정보 책에 적힌 내용을 다룰 만한 전문성이 있는지를 평가하는 것은 중요한 요소입니다. 정보 책에서 얻는 지식은 아이의 배경지식으로 축적돼 이후 학습 과정의 토대가 됩니다. 따라서 전문성이 확보되지 않은 잘못된 정보는 아이에게 부정확한 배경지식을 형성하게 합니다. 이는 장기적으로 새로운 지식을 습득하고 응용하는 자기 주도적 학습 능력에 심각한 오류를 초래할 수 있습니다.

넷. 그림은 선명하고 명확하게 표현돼 있는가?

본문에 나와 있는 그림도 선명하게 잘 제시돼 있는지, 글에 알맞은 그림인지도 살펴봐야 합니다. 중·고학년은 여전히 시각적 자료를 통해 정보를 이해하는 것에 익숙합니다. 그림은 복잡한 텍스트만으로는 이해하기 어려운 개념을 보조하는 역할을 합니다. 이때 불명확하거나 글의 내용과 동떨어진 그림은 오히려 학습의 몰입을 방해하고, 아이가 글의 내용을 잘못 해석하게 만드는 오류를 일으킬 수 있습니다.

다섯. 각 장의 패턴은 어떻게 구성돼 있는가?

패턴 인식은 정보 책을 잘 읽는 데 유용한 전략입니다. 이야기책이 보통 이야기의 시작과 중간, 끝이라는 비슷한 구조로 이뤄져 있다면 정보 책의 구성은 다채롭습니다. 예를 들어 기후 위기에 관한 정보 책을 읽는다고 가정해 보겠습니다. 기후 위기를 겪는 한 아이의 이야기가 나오고 기후 위기가 무엇인지 설명하는 정보 글이 이어지는 구조가 반복된다고 하면, 다음 장부터는 전개될 내용을 예측할 수 있습니다. 이는 아이들이 어려운 책이더라도 몰입할 수 있게 만듭니다.

다섯 가지 기준을 바탕으로 정보 책을 신중하게 선택하는 과정 자체가 주도적인 독서의 첫걸음이 됩니다. 정보 책을 고르는 안목이 길러지면 아이는 필요와 흥미에 맞춰 지식을 선별하고 탐색하는 능동적인 독자가 됩니다. 이러한 자신감은 어려운 정보 책에 대한 막연한 두려움을 해소하고, 비판적 사고를 위한 기반을 탄탄하게 다지는 중요한 경험이 됩니다.

정보 책,
어떻게 읽어야 할까?

책을 골랐다면 다음 순서에 따라 책 대화를 할 수 있습니다. 정보 책의 특성을 미리 파악하는 것은 이 책을 읽는 과정 전체에 대한 주도적인 계획을 세우는 것과 같습니다. 이는 복잡한 구조의 정보 책에 대한 심리적 장벽을 낮추고, 아이가 효율적인 독해 전략을 갖도록 돕습니다.

1단계: 표지로 내용 짐작하기

정보 책을 잘 읽기 위해서는 먼저 정보 책의 구성 요소들을 알아야 합니다. 첫 번째로 앞표지, 뒤표지, 책등에 나타나 있는 내용으로 무엇에 관한 책인지 알아맞히는 활동을 해 보세요. 저자는 누구인지, 감수자가 있다면 감수는 무슨 뜻인지 이야기해 보는 것입니다.

2단계: 차례와 구성 살펴보기

다음으로 차례에서 각 장이 어떤 내용을 다룰지, 어떤 부분이 재미있을지, 관심사가 무엇일지 알아보세요. 그런 다음 책이 어떤 순서로 구성돼 있는지 살펴봅니다. 들어가는 말, 나오는 말, 색인, 주석은 무엇인지, 이야기책과 정보 책의 차이점도 알아봅니다.

3단계: 본문 읽는 법 알려 주기

마지막으로 본문에 글의 설명을 보조하기 위해 그림이 나오는 경우가 있습니다. 이때 글과 그림을 함께 봐야 한다고 알려줘야 합니다. 정보 책을 읽을 때 아이들이 그림만 보고 글을 읽지 않는 경우가 많기 때문입니다. 누군가가 정보 책 읽는 법을 알려 줘야 하는데 그런 경험이 적다 보니 어떻게 읽어야 하는지 몰라서 대충 읽는 경우도 생깁니다.

표지와 차례, 본문 구성 요소를 미리 훑어보는 이 세 단계는 정보 책을 읽기 전에 먼저 지도를 그리는 과정과 같습니다. 책의 구성과 의도를 먼저 파악하는 습관은 아이가 정보를 수동적으로 수용하지 않고 능동적으로 해독하는 힘을 길러 줍니다. 체계적인 읽기 전략은 넘치는 정보 속에서 핵심을 놓치지 않는 비판적 독해력을 강화하며, 중·고학년의 자기 주도 학습 능력을 단단하게 다지는 기반이 됩니다.

26

영상화된 책으로
새로운 관점을 익혀요

6학년 담임을 맡았을 때 조앤. K. 롤링Joanne. K. Rowling의 판타지 소설 《해리포터》를 읽자고 제안한 적이 있습니다. 그런데 많은 아이가 책이 그림 하나 없이 줄글로만 돼 있다며 하소연하며 이 미션에 난감해했습니다. 그래서 방학 전 창의적 체험활동 시간에 영화 〈해리포터〉를 보기로 했습니다. 아이들이 책보다 영상에 더 익숙하기 때문입니다.

영상 읽기란 적극적·능동적으로 책과 영화의 내용을 비교해서 보는 것을 말합니다. '책과 달리 추가된 장면이나 내용이 있는가?' '책으로 읽는 것과 영상으로 보는 것 중 어느 것이 더 좋은가?' '가장 재미있는 장면은 어디인가?' '내가 감독이라면 어떤 장면에 더 노력을 많이 들였을까?' 등의 질문을 통해 이야기를 다각도로 이해하고 비판하고 평가하는 것입니다. 한마디로 '보기'에서 '해석'으로 가는 활동이지요.

요즘 초등학생은 '디지털 원주민'이라고 불릴 만큼 영상에 아주 익숙합니다. 이런 점을 십분 고려해 아이가 읽은 책이 드라마나 영화, 애니메이션으로 만들어졌다면 영상 읽기를 책 대화에 적용해 보는 것도 좋습니다. 특히 줄글이 많은 책의 경우 영상을 먼저 시청한 다음에 읽으면 독서의 허들이 낮아집니다. 더불어 원작이 영상으로 옮겨지는 과정에서 어떤 요소가 생략 또는 강조됐는지, 감독은 왜 그렇게 표현했는지를 비교 분석하면서 매체별 특성을 이해하는 기본적인 시각과 콘텐츠를 비판적으로 수용하는 감각을 기를 수 있습니다.

황금 티켓을 뽑아 신비한 초콜릿 공장에 초대되는 소년의 이야기 《찰리와 초콜릿 공장》, 천재적인 지능과 초능력으로 부당함에 맞서는 소녀의 이야기 《마틸다》, 운명처럼 몸이 뒤바뀐 도시 소년과 시골 소녀의 애틋한 로맨스 《너의 이름은》, 양계장을 벗어나 스스로 알을 품으려는 암탉의 아름답고 감동적인 여정 《마당을 나온 암탉》 등 우리 주변에는 생각보다 글이 영상화되는 경우가 많습니다. 이를 활용하는 영상 읽기는 책을 읽기 싫어하는 아이에게 좋은 유인책이 될 수 있다고 봅니다.

원작과 영상,
관점을 비교하는 질문의 기술

영상 시청 후에는 내용과 감상 그리고 비판적 측면으로 나눠서 대화할 수 있습니다. 각각 다음과 같은 질문으로 대화를 시작할 수 있습니다.

내용 측면에서 질문하기

· 어떤 장면이 가장 재미있었니(또는 슬펐니)?

· 마지막 장면이 어땠어? 결말은 마음에 드니?

아이가 이야기의 표면적인 줄거리와 사건의 흐름을 정확히 파악했는지 확인하고, 이야기의 핵심을 회상하는 능력을 키우는 데 목적이 있는 질문입니다. 이후 심층적인 사고로 넘어가기 위한 기초적인 이해도를 점검하는 단계입니다.

감상 측면에서 질문하기

· 영화를 보면서 어떤 기분이 들었어?

· 주인공이 슬플 때(또는 기쁠 때, 힘들어할 때 등 구체적인 장면을 말하며) 너는 어떤 기분이 들었어?

주인공이나 특정 인물이 처한 상황에 공감하고 자신의 감정을 명확하게 언어로 표현하도록 유도하는 질문입니다. 이를 통해 아이는 등장인물의 입장에 자신을 대입해 보며 정서적 이해력과 공감 능력을 발달시킬 수 있습니다.

비판적 측면에서 질문하기

· 너라면 이렇게 했을까?

· 책으로 읽었을 때와 영상으로 볼 때 어떤 점이 좋은 것 같아 (또는 싫은 것 같아)?

영상 콘텐츠와 원작의 차이점을 비교하고, 각 매체가 가진 표현의 특성에 대해 평가하며 주관적인 관점을 형성하도록 촉진하는 고급 사고력 질문입니다. 이 과정을 통해 아이는 이야기의 서사를 넘어 매체의 속성까지 비판적으로 분석하는 힘을 기르게 됩니다.

핵심은 자연스럽게 아이와 이야기를 나누는 것이며, 이를 위해서는 양육자가 먼저 이야기를 끄집어내는 편이 좋습니다. "엄마(아빠)는 이 장면에서 굉장히 슬펐어" 등의 말로 대화의 물꼬를 터야 합니다. 여러 가지 질문을 나누지 않고 한 가지 질문만 나눠도 좋습니다. 질문을 위한 질문이 아닌 "이번 영화 재미 있었니?" 같은 아주 소소한 질문을 하나씩이라도 던져 보기 바랍니다. 영상 읽기가 여러 번 이뤄진다면 다양한 측면에서의 자연스럽게 대화가 오갈 수 있으니 말입니다.

영상 읽기의 핵심은 시청하며 소비하는 데 그치지 않고 영상을 적극적으로 읽음으로서 나의 경험과 연결하고 곱씹는 생각의 과정에 있습니다. 어른과 이야기를 나누는 것만으로도 좋은 소통 경험이 됩니다. 언어 표현력 강화에 도움이 되리라 믿습니다.

27

초등 고학년 이후의
책 대화는?

초등 문해력 강의에 중학생 이상의 자녀를 둔 부모님이 참석하는 일이 제법 많아졌습니다. 혹시나 도움이 못 될까 봐 염려되는 마음에 강의 전에 '제 강의는 초등학생에 특화돼 있습니다'라고 공지했습니다. 그랬더니 한 학부모가 이렇게 이야기했습니다.

"선생님. 그게 아니라 제 아이가 책을 정말 싫어해서 중학생 강의에 가면 오히려 도움을 못 받았어요. 아이 수준이 초등에 맞는 것 같아 제가 진짜 집에서 한번 제대로 실천해 보고 싶어 일부러 초등 문해력 수업을 신청한 거예요."

중학생 아이들의
독서 실태

청소년층의 독서 기피 현상과 어휘력, 문해력 저하 양상은 수면 위로 드러나고 있습니다. 심지어는 이 때문에 교과서를 읽지 못하는 아이들에 대한 이야기도 들려옵니다. 왜 아이들은 중학생이 되면 읽기와 영영 이별을 하려 할까요? 원인은 여러 가지겠지만 강연에서 만난 부모님들의 증언에 따르면 세 가지로 추릴 수 있습니다.

첫 번째는 스마트폰입니다. 스마트 기기의 보급으로 남녀노소 연령을 불문하고 SNS나 유튜브의 짧은 영상을 보는 것에 익숙해지고 있습니다. 뇌 과학적으로 짧은 호흡의 스마트폰 콘텐츠는 독서보다 훨씬 적은 인지적 노력으로 즉각적인 도파민 보상을 제공합니다. 빠르고 강렬한 자극에 익숙해진 뇌는 인지적 노력이 필요한 독서를 재미없고 느린 활동으로 인식하고 기피하게 되지요. 또한 파편화된 정보를 접하며 길러진 주의 집중 습관은 긴 호흡이 필요한 독서를 방해해, 아이들은 스스로 읽지 않겠다는 비非독자를 선언하며 책에서 멀어지게 됩니다.

두 번째는 책 읽을 시간이 없다는 것입니다. 특히 중학생부터는 입시를 위한 내신 관리가 시작되며 독서보다 당장의 학업 성과가 우선순위가 되는 환경에 놓입니다. 숙제를 다 하고 나면 조용히 책을 읽을 시간이 없을 뿐만 아니라 성적 부담으로 심리적 여유마저 사라져 독서를 할 에너지가 남지 않습니다.

마지막으로 읽기의 즐거움을 뺏는 독서의 도구화 현상 때문입니다. '입시에 도움이 되는 읽기' '수능 국어 1등급을 위한 읽기'라는 문구를 통해 아이들은 읽기를 10대 시기에 해야 하는 공부처럼 느끼게 됩니다. 독서를 수행해야 할 과제나 의무로 인식하게 되면, 책은 즐거움을 주는 대상이 아니라 스트레스를 유발하는 또 하나의 교과목이 됩니다. 저는 이것이 아이가 자발적으로 책을 선택하고 즐기는 평생 독자가 되는 가장 큰 걸림돌이라고 봅니다.

덕후 독서가
필요해

이 시기의 독서는 자기 주도적이어야 합니다. 스스로 책을 찾아 읽는 습관을 정립해 몰입하는 독서, 일명 '덕후 독서'를 해야 합니다. 필독서나 명문대 진학에 도움이 된다는 책을 읽으라는 뜻으로 오해하면 곤란합니다. 책이 가지는 본연의 즐거움에 집착하는 경우 인정이 필요하다는 뜻입니다. 강압적인 독서 교육을 비판하고 책 읽기의 즐거움을 깨우치는 내용의 에세이 《소설처럼》을 쓴 소설가 다니엘 페나크Daniel Pennac가 말한 독자로서의 권리 중 '읽지 않을 권리'를 마땅하게 받아들여야 합니다. 이때 비로소 아이가 자기만의 독서 세계에 빠질 수 있습니다. 이를 위해서는 세 단계가 필요합니다.

1단계: 인정해 줄 것

지속적으로 언급한 책 대화를 위한 기본 자세이기도 합니다. 읽기의 주도성을 뺏지 않아야 합니다. 누구나 책 선택에 실패할 수 있다는 것을 알고 기회를 여러 번 줘야 합니다. 아이들은 작은 실패라도 겪으면 주눅이 듭니다. 그런 상황에서 "어휴, 내가 그럴 줄 알았지!" 같은 표현을 한다면 스스로가 잘 선택하지 못한다고 생각해 더 하지 않으려 합니다. 그러니 책 선택이 못 미덥더라도 인정해 주기 바랍니다.

2단계: 자신만의 독서 분야를 찾도록 도울 것

나만의 독서 분야를 찾아가는 것을 상위의 독서 수준인 '주제 중심 독서'라고 합니다. 저는 아이들 눈높이에 맞춰 덕후 독서 또는 간단히 '주제 독서'라고 말하기도 합니다. 이 시기 아이들은 자기만의 세계에 빠져 있을 가능성이 높기 때문에 나만의 책 세계로 이끌어야 비독자화를 막을 수 있습니다.

부모는 아이가 즐겨 보는 유튜브 콘텐츠, 몰두하는 게임, 좋아하는 취미 활동 등 일상생활의 작은 관심사를 놓치지 말아야 합니다. 이를 기반으로 한 만화, 웹툰, 잡지, 영상 콘텐츠의 원작 등 다양한 형태의 관련 도서를 찾아 제공해 주는 것이 아이를 독서 세계로 이끄는 방법이 될 수 있습니다. 주제 중심 독서의 예는 기후 위기 등 환경 문제에 관한 책 읽기, 판타지 소설 읽기, 농구 이야기를 담은 책 읽기 등 전방위적입니다.

3단계: 몰입해서 읽도록 리딩 존을 제공할 것

중학교 시기에는 부모님이 이끄는 독서 길만 가지 않습니다. 그러니 아이가 책을 읽는다고 하면 최대한 간섭하지 않고 편안히 읽을 수 있는 환경을 만들어 주는 편이 더 좋습니다. 예를 들어 아이가 방에서 독서를 시작했다면 방문을 닫고 '지금은 독서 시간'이라는 신호를 존중해 주는 것이지요. 자녀가 좋아하는 조명이나 편안한 빈백 소파를 마련해 주는 등 독서를 휴식과 즐거움으로 연결하는 환경을 조성해야 합니다. 심리적·물리적 안정감을 제공하는 것이 리딩 존의 핵심입니다.

아이의 관심사와 자율성을 존중하고, 몰입할 수 있는 환경을 제공하는 덕후 독서야말로 중학생 이후 독서 이탈을 막는 가장 효과적인 전략입니다. 자신이 선택한 분야의 책에 깊이 빠져드는 경험은 아이에게 스스로 학습 계획을 세우고(자기 선택 경험), 끊임없이 질문하며(질문 경험), 문제 해결을 위해 지식을 파고드는(비판적 사고 경험) 청소년 시기에 필요한 자기 주도 학습 능력의 핵심 기반을 다져 줍니다. 독서의 즐거움을 통해 주도성을 체득한 아이는 평생 동안 배움의 기쁨을 누리는 능동적인 독자이자 주체적인 삶의 설계자로 성장할 것입니다.

잔소리를 소통으로 바꾸는 사춘기 책 대화

학부모 강연에서 "아이들과 함께 독서 토론을 해 보세요"라고 하자 어떤 어머니께서 손사래를 치며 대답했습니다.

"어휴, 선생님! 대화가 돼야 말이죠!"

이에 조용히 듣고만 있던 다른 부모님들도 다 같이 웃었습니다. 그 서글픈 웃음의 이유를 이후 사춘기에 이른 자녀를 키우며 알게 됐습니다. 이 시기에는 아이들이 묻는 말에도 단답형으로 일관하거나 아예 대화를 회피하는 등 소통이 단절되는 현상이 일어나곤 합니다. 부모가 던진 질문은 잔소리로 여겨지고, 대화가 지적이나 훈계로 변질되는 경우가 꽤 있습니다. 그러니 이 시기에 초등학생 때와 똑같이 대화 독서를 해 보라고 하는 것은 똑같은 실수를 반복하는 일이 아닐까 생각합니다.

사춘기 대화 독서의 첫걸음은 대화의 규칙을 잘 형성하는 것입니다. 빨간불이 켜진 신호등 앞에 서서 마주 보는 입장이라면 대화 독서는 시작할 수 없습니다. 다음은 아동 보호 기구 유

니세프UNICEF와 세계보건기구WHO의 지침서를 바탕으로 만든
'10대 자녀와 소통하기 위한 팁' 다섯 가지입니다.

하나. 온몸으로 들어주기

아이가 말할 때 집중하고, 말할 때는 핸드폰을 내려놓고 아이의 눈을 쳐다보며 고개 끄덕이거나 동조하는 행동으로 적절히 경청하는 것입니다.

둘. 무턱대고 비난하지 않기

"넌 그래서 틀렸어" "항상 이런 식이야" "너는 정말 안 될 것 같아" 등, 아이가 변명하거나 반복된 실수를 하더라도 아이에게 부정적인 반응을 보이거나 말투를 사용하지 않는 것입니다.

셋. 부모가 먼저 소소한 대화 시작하기

"오늘 엄마는 이런 일이 있었어, 버스를 타고 가는데 말이지…" 등의 소소한 일상을 자주 나누는 것입니다.

넷. 자주 대화하는 시간 갖기

등하굣길, 저녁 식사를 준비하는 시간 등 함께 보내는 시간의 일부를 자녀의 이야기를 듣는 시간으로 확보하는 것입니다. 점차 빈도를 늘리며 상황별 대화 경험을 자주 쌓아야 합니다.

“쓸데없이 이런 걸 샀니?” 같은 자녀의 선택과 흥미를 부정하는 표현을 자제하고, 아이가 좋아하는 취미, 굿즈, 운동에 대해 같이 알아보는 것입니다.

특별하고 재미있는 사건이 있을 때 이야기를 나누는 게 아니라 아침에 운동 나갔다가 길 고양이를 만난 일, 버스를 타고 가다가 한 코스 지나쳐서 내리막길을 힘들게 걸어간 일, 도서관에 힘들게 찾아갔는데 휴관일이라 헛걸음한 일 등. 일상 속 만나게 되는 이야기를 편안하게 풀어내는 마음, 대화는 여기서부터 시작됩니다.

사춘기의 책 대화도 마찬가지라고 봅니다. 거창하지 않은 소소한 일상의 대화에서 시작하면 됩니다.

“이 책 어땠어?”

“엄마(아빠)는 웃긴 부분이 많아서 좋았어. 어떤 부분이냐 하면….”

이렇게 편안하게 다가가는 것도 좋다고 봅니다. 그러니 시작은 편안하게, 즐겁게 해 보기를 바랍니다.

자기 주도 학습과
중·고학년 책 대화 도서

독서의 목표가 학습을 위한 읽기로 확장되면서 아이의 관심사와 교과 학습을 연결하는 것이 무엇보다 중요해지는 시기입니다. 이 시기에 나타나는 특정 주제에 깊이 몰입하는 태도를 교과 연계 도서로 잇지 못하면 독서는 재미없는 숙제로 전락하기 쉽습니다. 따라서 부모는 아이의 자발적인 관심사를 존중하고, 그 관심사가 교과서 지식의 토대가 되도록 연결하는 다리 역할을 해야 합니다.

책 대화는 아이가 스스로 흥미를 찾아 학습의 동기를 부여하고, 지식을 확장하는 경험을 쌓음으로써 자기 주도 학습 능력을 키우는 결정적인 연결 고리가 됩니다. 자기 주도성은 3~4학년 시기에 '흥미 기반 교과 지식 확장'으로 기초를 다진 후, 5~6학년 때 '비판적 사고와 논리적 토론'을 통해 완성됩니다. 지금부터 아이의 흥미와 교과 학습을 효과적으로 연결하고, 자기 주도성을 높이는 책 대화 전략에 대해 구체적으로 알아보겠습니다.

교과 도서를 중심으로, 3~4학년

3학년부터는 사회, 과학, 도덕, 음악, 미술, 체육 등의 새로운 교과목을 만나기도 해서 교과 도서와 연계된 도서를 더 읽어보면 좋습니다. 예를 들어 3학년 1학기 과학 교과의 4단원 '생물의 한살이'에서는 배추흰나비의 한살이에 대해 배우는데, 이에 관한 책을 함께 읽을 수 있다면 내용 이해에 도움이 되겠지요. 단 책 대화의 기본이 아이가 좋아하는 관심사, 흥미를 중심으로 이뤄져야 한다는 것을 기억해야 합니다.

교과 연계 독서의 출발점 역시 마찬가지입니다. 아이 스스로 알고 싶어 하는 주제를 중심으로 책을 고르는 것이 자기 주도 학습 습관을 기르는 첫걸음이 됩니다. 우선 '함께' 교과서를 펼쳐 수록된 도서 목록을 살펴보면 좋습니다. 이 중에서 관심이 있는 도서를 골라 보겠느냐고 묻는 것이지요.

이 시기에는 읽기 독립이 완성된 경우가 대부분이지만 무턱 대고 교과 연계 도서를 읽으라고 하면 고르기 쉽지 않으니 가이드를 주는 것입니다. 국어 교과서의 경우, 부록에 제재 목록이 있어 어떤 작품을 실려 있는지 한눈에 볼 수 있습니다. 사회나 과학 교과서 부록에는 교과 연계 추천 도서를 적어 둔 경우가 많습니다. 도서관 누리집의 공지 사항이나 추천 도서 코너를 활용하면 도움이 됩니다.

핵심은 아이가 궁금해하고 더 알고 싶어 하는 주제라는 것을 잊어서는 안 됩니다. 예를 들어 3학년 2학기 과학 교과에는 '감염병과 건강한 생활'이라는 단원이 새로 추가됐습니다. 자녀가 이 단원에 흥미를 보인다면 코로나19 같은 바이러스, 미세먼지, 세균, 면역, 위생 습관 등을 다룬 책을 함께 읽어 보면 좋을 것입니다. 책을 읽고 "우리 생활 속에서 건강을 지키기 위해 어떤 노력을 하고 있지?" 같은 질문을 던지면 학습 내용이 자연스럽게 생활과 연결됩니다.

4학년 1학기 사회 교과에는 '지도로 만나는 우리 지역'이라는 단원이 있습니다. 아이가 이 주제를 궁금해한다면 지도, 등고선, 축척, 방위 등의 어려운 개념 이해에 도움이 될 그림책이나 지리 정보 책을 함께 읽으면 좋습니다. 용어를 시각적으로 익히도록 도우면 학습 능력에 보탬이 되겠지요. 정리하면 다음과 같은 순서로 읽기를 진행하면 됩니다.

1단계: 교과 주제(도서) 중 우리 아이 관심사 찾기

아이가 흥미를 느끼는 분야를 중심으로 책을 골라야 합니다. 다음은 교과 연계 도서로 활용할 수 있는 대표적인 정보 책주제를 적은 것입니다. 여러 과목에 자주 등장하는 키워드들이지요.

동물	식물	우주	과학 원리
한국사	세계사	전통 문화	미술
음악	체육	생활 습관	국어
경제	상식	컴퓨터	미래

2단계: 차례를 살펴보고 흥미 있는 부분부터 읽기

정보 책은 순서대로 읽지 않아도 괜찮습니다. 차례를 살펴본 뒤 아이가 가장 궁금해하는 부분부터 읽게 해 주세요. 다만 요즘은 스토리텔링 형식의 이야기 흐름이 있는 정보 책의 경우에는 처음부터 읽어야 내용을 이해할 수 있다는 점을 참고해야 합니다. 나열식 정보 책이라면 흥미 있는 장부터 골라 읽는 편을 추천합니다.

정보 책 대화법은 어렵지 않습니다. 이 한마디 질문이 아이의 생각을 끌어내는 열쇠가 됩니다.

· 오늘 새롭게 알게 된 내용이 뭐였어?

물론 "그건 왜 그런 걸까?" "우리 생활 속에서도 그런 예가 있을까?" 등 다양한 질문으로 확장해도 좋지만 정보 책 읽기를 어려워하는 아이들에게는 핵심 질문 하나만이라도 꾸준히 던져 보세요. 이렇게 교과서와 연계된 책을 통해 읽기 습관을 만들어 가면, 아이는 교과 지식과 실제 생활을 자연스럽게 연결하며 '배움이 책 속에도, 일상 속에도 있다'라는 즐거움을 느끼게 될 것입니다.

질문과 대화에 초점을, 5~6학년

이 시기 책 대화에서는 찬성과 반대로 나뉘는 경쟁적인 토론보다 질문과 대화에 초점을 둔 비非경쟁적 토론 방식이 효과적입니다. 가정에서 아이와 독서 토론을 꾸준히 이어 온 한 부모님은 이렇게 말했습니다.

"처음에는 서로 질문을 주고받는 일조차 어색했어요. 그런데 1년, 2년이 지나면서 책의 수준이 높아졌고, 무엇보다 아이와 정기적으로 생각을 나누는 시간이 생겼다는 게 가장 큰 변화였어요."

토론은 단순한 말하기 훈련이 아니라 서로의 생각을 이해하고 확장하는 대화의 과정입니다. 뇌과학적으로도 초등 5학년 무렵부터는 비판적 사고 능력이 본격적으로 발달하기 시작하면서 이 시기의 아이들은 어떤 주제나 문제에 대해 생각을 논리적으로 말하고 싶어 합니다. 따라서 아이가 생각을 정리하고 타인에게 납득시킬 수 있는 기회를 자주 제공하는 것이 중요해지지요.

이처럼 자신의 생각을 논리적으로 정립하는 과정 자체가 깊이 있는 질문 경험과 비판적 사고 경험의 핵심입니다. 이러한 경험이 축적돼야만 아이는 학습의 주도권을 잡고 목표 설정부터 관리까지 해내는 자기 주도 학습의 힘을 갖게 됩니다. 다만 '독서 토론'이라는 말에 부담을 느끼는 부모님도 많습니다. 그래서 요즘은 '비경쟁적 독서 토론'이라고 해서, 승패 없이 서로의 생각을 나누는 형식이 확산하고 있습니다. 이를 가정에서도 자연스럽게 실천할 수 있습니다. 방법은 간단합니다.

1단계: 책 속과 밖에 대해 질문하기

책을 읽은 뒤 아이와 함께 '질문'을 중심으로 대화를 나눠 보세요. 질문을 던지기 어렵다면, '왜?' '어떻게?' '만약에…'로 시작해 보면 됩니다. 이 세 가지 단어만으로도 충분히 깊이 있는 대화가 가능합니다. 크게 책 속과 밖으로 나눠 질문할 수 있습니다.

책 속 질문은 다음과 같이 책에서 답을 찾을 수 있는 경우를 말합니다. 독서 퀴즈에서 던질 질문이라고 생각하면 더 쉽게 떠오를 것입니다.

· 주인공은 누구일까?

· 어떤 일이 벌어졌을까?

· 사건의 결과는 어떻게 됐을까?

다음으로 책 밖 질문은 다음과 같이 책 속에는 정답이 없고 내용을 바탕으로 상상하거나 유추해야 하는 질문입니다.

· 만약 너라면 어떻게 했을까?

· 결말을 바꿀 수 있다면 어떻게 바꿔 보고 싶어?

· 작가는 왜 이런 이야기를 썼을까?

이처럼 책 속 질문으로 사실 이해력을 다지고 책 밖 질문으로 사고의 영역을 확장하는 것이 비경쟁적 토론의 핵심입니다. 부모와의 질문 중심 대화를 통해 아이는 정답이 없는 문제에 대해 깊이 사유하고, 자신의 관점을 세우는 훈련을 합니다. 이러한 경험이 쌓일 때 아이는 어떤 주제든 스스로 탐구하고 결론을 도출하는 자기 주도 학습자가 될 수 있습니다.

2단계: 책 별점 매기기

질문이 어렵다면 이 방법으로 시작해 보는 것도 좋습니다. 별 다섯 개 만점을 기준으로 점수를 주면 됩니다. 그런 다음 책이 나에게 어떤 의미였는지 자연스럽게 이야기하면 됩니다.

- 이 책에 별점을 매긴다면 몇 점일까?
- 예전에 읽은 책과 비교했을 때 좋았던 점은?
- 아쉬운 점은 뭐였을까?
- 왜 그 점수를 줬니?

질문과 대화 중심의 활동은 학습뿐만 아니라 관계를 위한 대화이기도 합니다. 공부 중심의 질문을 지나치게 던지면 역효과를 볼 수 있다는 점을 기억해 주세요. 서로의 생각을 교환하

고 경청하는 자세가 필요합니다. 질문의 개수는 많지 않아도 괜
찮습니다. 단 한 가지 질문이라도 깊이 있고, 함께, 기꺼이 나누
는 대화라면 그것이 최고의 책 대화입니다.

《사라, 버스를 타다》 윌리엄 밀러 글·존 워드 그림 | 사계절 | 2004

인종차별이 만연한 1950년대, 미국 남부에 살았던 흑인 소녀 사라의 이야기입니다. 사라는 백인 전용 앞자리에 앉지 못하고 늘 뒷자리로 가야 하는 법이 부당하다고 생각합니다. 그러다 어느 날 앞자리에 앉는데, 이후 사라에게는 무슨 일이 일어날까요? 인권, 정의, 평등의 가치에 대해 깊이 생각해 볼 수 있는 책입니다. '나에게도 이런 차별을 당하는 일이 생긴다면 어떻게 행동해야 할까?' 등의 질문을 고민해 볼 수 있습니다.

《거짓말 같은 이야기》 강경수 | 시공주니어 | 2022

지구촌 곳곳에서 매일 일어나는 지진, 기아, 전쟁, 민족 갈등 등의 주제를 다루고 있습니다. 거짓말 같은 친구들의 이야기를 접하며, 우리가 행복하다고 해서 다른 이들의 아픔을 모른 척하지 않았는지 되돌아보게 합니다. 이 책을 읽고 실제 지구촌에서 일어나는 전쟁, 가난, 불평등 등에 관한 기사를 찾아보고 '이런 일이 생기는 까닭은 무엇인지 알아볼 수 있습니다.

《내가 라면을 먹을 때》 하세가와 요시후미 | 고래 이야기 | 2019

라면을 먹는 주인공과 같은 시간에 다른 곳에서 살아가는 아이들의 현실을 대비해 보여줍니다. 이를 통해 세상의 모든 아이가 마땅히 누려야 할 권리를 누리며 살지 못하고 있다는 불편한 진실을 드러냅니다. 내가 라면을 먹을 때 지구촌에서 어떤 일이 벌어지고 있을지 이야기를 나눠 봅시다. 모두가 연결돼 있다는 것을 알 수 있습니다.

《아름다운 책》 클로드 부종 | 비룡소 | 2002

호기심 많은 형 토끼 에르네스트와 동생 빅토르가 책 읽기의 즐거움에 빠지는 이야기입니다. 그림책 속으로 들어간 형제는 날아다니기도 하고 거대한 용을 때려 눕히기도 하는 신기한 세상을 경험합니다. 그러는 사이 현실에서는 여우가 굴 속에 나타나며 위기가 닥치는데, 형제는 위험을 잘 벗어날 수 있을까요? 읽고 난 다음 '나는 왜 책을 읽는가?' '책 읽기는 정말 필요한가?' 등 읽기에 대한 생각을 나눠 볼 수 있습니다.

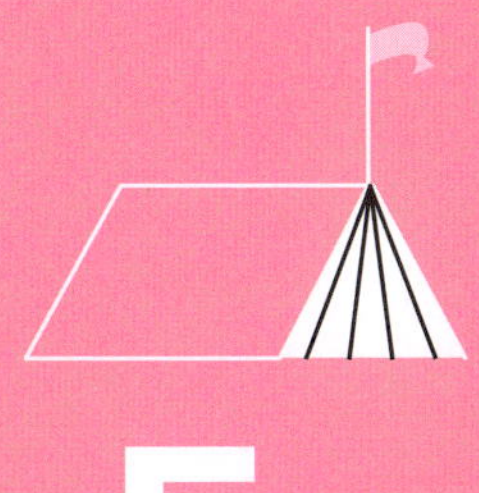

5장

자기 주도성의 출발점, 가정 독서 교육

28

스스로 척척 하는 아이들의
비밀, 대화

"아이가 알아서 하면 좋겠어요."

"아직도 제가 챙겨 줘야 해요."

"혼자서는 못 하겠다고 해요."

주변 부모님들로부터 이런 이야기를 자주 듣습니다. 고학
년이 돼도 스스로 하는 게 없다며 하소연을 합니다. 아이들이
갈수록 자기 주도성이 부족해진다고 느끼는 것은 저만의 착각
일까요?

독일의 소아과 전문의 미하엘 빈터호프Michael Winterhoff가 어
떻게 하면 아이를 단단한 내면을 가진 아이로 키울 수 있는지에
대해 쓴 《유리로 된 아이》에서는 스스로 좌절하거나 실패를 겪

어 볼 기회가 부족해 내면이 약해진 아이들을 '유리로 된 아이'로 표현합니다. 빈터호프는 과거에 비해 요즘 아이들의 자율성과 책임감이 떨어졌다고 판단하는데, 그 이유를 지나친 보호와 과잉 지원에서 찾습니다. 부모가 자녀를 보호한다는 명목으로 모든 것을 대신 결정하고 해결해 주다 보니 아이 스스로 판단하고 책임지는 경험을 할 기회를 잃는다는 것입니다.

이런 과잉 보호의 폐해는 우리 주변에서도 자주 볼 수 있습니다. 공공장소에서 예의를 지키지 못한 아이에게 타인이 훈계했다는 이유로 화를 내는 부모, 아이의 일거수일투족에 간섭하는 부모, 학교 체육 시간 중 발생한 사소한 몸싸움이나 놀이 과정의 예상치 못한 충돌에도 폭력 신고를 하는 사례가 대표적입니다. 이런 상황을 두고 빈터호프는 "아이에게 불편함이나 실패를 경험하게 하지 않으면, 결국 자기 조절력과 회복 탄력성을 기르기 어렵다"라고 지적합니다.

자기 주도성이 높았던 민지와 영준이

반대로 스스로 척척 잘하는 아이들은 어떤 공통된 특징이 있을까요? 또래 친구들에 비해 불편함과 실패를 많이 경험하기라도 했을까요? 20년 간 교사 생활을 하면서 만난 자기 주도성을 갖춘 아이들을 떠올려 봤습니다. 그중 두 명이 가장 크게 기억에 남아 있습니다. 초등학교 4학년이었던 민지와 3학년이었던 영준이입니다.

민지는 3학년 때 강원도에서 ○○시로 이사 오기 전에는 전교생이 50명이 조금 넘는 시골 학교에 다녔습니다. 수업을 마치거나 주말이면 갈 곳이 없어서 엄마와 함께 도서관에 가서 책을 빌리고, 근처 공원에서 간식을 먹으며 함께 책을 읽었다고 합니다. 민지 어머니도 특별히 갈 곳이 없어 간식을 마련해 도서관으로 소풍 가듯이 다녔다고 말했습니다. 그래서인지 민지는 또래 4학년 친구들보다 읽기 능력도 뛰어났고 책에 대한 긍정적인 태도도 확실히 갖추고 있었습니다.

민지의 독서 이력 중에서 가장 인상적인 것은 바로 《키다리 아저씨》《홍당무》《해저 2만 리》 같은 고전 시리즈를 즐겨 읽는다는 점이었습니다. 고전을 즐겨 읽게 된 이유를 물었더니 엄마가 어릴 적 좋아했던 책을 함께 읽으며 자연스럽게 익숙해졌다고 했습니다.

민지는 읽기 능력 같은 학습 면에서도 훌륭했지만 친구들과 모둠 활동을 할 때나 또는 학급에서 맡은 일을 할 때도 매사 책임감이 강하고 성실했습니다. 자신의 일을 알아서 챙기고, 친구를 도우며, 주변을 깨끗이 정리하는 등 기본 생활 습관이 잘 잡혀 있었습니다.

2학기 상담일에 민지 어머니가 한 말이 생각납니다. 제가 아이와 보낸 시간에 대해 물어봤더니 "문화 시설도 학원도 없어서 늘 도서관에 갔어요. 주말마다 가족이 함께 책을 읽는 게 우리 집의 일상이에요"라고 답했습니다.

영준이는 2학년 때까지 엄마가 그림책뿐만 아니라 동화책을 많이 읽어 줬습니다. 저도 그때 영준이와 만났는데, 영준이는 제가 읽어준 책의 제목을 잘 기억했다가 엄마에게 사 달라고 했습니다. 심지어 제가 수업 시간에 읽어 준 《화요일의 두꺼비》《제비꽃 마을의 사계절》《귀신 은강이 재판을 청하오》 같은 동화책이 재미있었다며, 엄마에게 이 책을 같이 읽자고 제안했다고 합니다. 영준이 어머니는 상담 시간에 "아이 덕분에 책 읽는 재미를 다시 알게 됐어요"라며 웃었습니다.

학급 회장이었던 영준이는 언제나 의젓하고 책임감 있는 태도로 학교생활을 했습니다. 어머니는 집에서는 장난꾸러기라 학교에서도 그런 태도를 보일까 봐 걱정했는데 아니라는 걸 알고 안도하는 표정이었습니다.

이 두 아이를 비롯해 자기 주도성이 강한 아이들은 눈에 띄는 공통점이 있었습니다. 바로 부모님들이 상대방의 말을 듣는 자세였습니다. 상담 시간에 만난 부모님들은 '우리 자식이 최고야!'라며 내세우거나 자랑하기보다는 겸손했고, 교사의 말을 끊지 않고 잘 경청해 줬습니다. 즉 자녀와 대화할 때도 일방적인 엄마표 지도가 아닌 아이와 함께 시간을 잘 보내기 위해 쌍방향으로 소통하리라는 점을 짐작할 수 있었습니다.

내면을 단단하게 만드는 부모의 경청

발달 심리학자들은 아이의 자기 주도성이 타인과의 건강한 상호 작용을 통해 형성된다고 여러 연구를 통해 밝혔습니다. 사회 인지 이론의 대가인 심리학자 앨버트 반두라Albert Bandura는 아이의 자기 주도성이 타인과의 건강한 상호 작용을 통해 형성된다고 강조했고, 생애 발달을 연구한 정신 분석가 에릭 에릭슨Erik Erikson은 아이의 성장 과정에 부모의 역할이 결정적이라고 주장했습니다.

이러한 이론에 따르면 특히 부모의 대화 방식은 아이의 인지 및 정서 발달에 결정적인 영향을 미칩니다. 부모가 자녀를 존중하며 대화할 때, 아이가 자신의 생각과 감정이 중요한 가치를 지닌다는 것을 깨닫고 스스로 사고하는 능력을 키운다는 것이지요. 일방적인 지시가 아닌 쌍방향의 대화야말로 아이의 주체적인 태도를 격려하고 '나는 스스로 할 수 있다'라는 자기 효능감의 기반을 다지는 가장 강력한 교육적 도구가 된다는 뜻입니다.

EBS 다큐멘터리 〈학교란 무엇인가〉 시리즈 8부의 제목은 '0.1퍼센트의 비밀'로, 대한민국 상위 0.1퍼센트 학생들을 대상으로 그 아이들이 가지고 있는 비밀에 대해 알아보는 내용입니다. 여기 등장하는 상위권 학생들의 공통점이 나왔는데 그중 하나가 '부모와의 대화법'이었습니다.

0.1퍼센트 학생의 비밀은 부모와의 대화에 있었습니다. 부모님은 아이와의 갈등 상황에서도 아이의 인격을 공격하지 않는 태도를 지녔으며 긍정적이었습니다. 이는 아이와의 순조로운 대화로 이어지는 힘이 됐습니다.

이처럼 '스스로 척척 하는 아이들의 비밀'은 대화의 힘이라고 볼 수 있습니다. 하지만 현실에서 자녀와 대화를 순조롭게 나누기란 쉽지 않습니다. 근본적인 이유는 부모와 아이가 부딪히기 때문입니다. 아이의 성적이나 친구 문제는 듣는 순간 부모의 잔소리가 되고, 아이는 방어적으로 변합니다. 즉, 둘 사이를 완화해 줄 매개체 또는 계기가 필요합니다. 이때 책은 서로 다른 사람의 관계를 잇는 다리 역할을 할 수 있습니다.

책 대화에서는 제3자의 이야기를 '왜 저렇게 행동했을까?' 처럼 질문하며 이야기 나누기 때문에 아이가 부담 없이 속마음이나 생각을 솔직하게 털어놓을 수 있습니다. 책이라는 객관적인 주제를 활용해 부모와 아이 모두 안전하게 깊이 있는 생각을 나눌 수 있는 최적의 환경을 만드는 것입니다.

이를 통해 아이는 책 속 인물의 다양한 상황을 분석하며 자신의 생각을 표현하는 훈련을 합니다. 또한 타인의 입장을 헤아리는 공감 능력을 키우고, 책 속 갈등에 대해 토론하는 과정에서 비판적 사고력을 발달시킬 수 있습니다. 결국 책 대화는 스스로의 생각과 감정을 건강하게 조절하며 문제 해결 능력을 키우는 주도적인 성장의 발판이 됩니다.

학교 안에서든 밖에서든 대견하고 기특한 모습에 유독 나중에 어떻게 자랄지 궁금한 학생들이 있습니다. 성적이 뛰어나서가 아닌 갈등을 해결하고 협력하며 나누는 마음이 돋보였기 때문인데, 이 아이들은 어떤 환경에서도 흔들리지 않았습니다. 이런 아이들은 변화무쌍한 미래속에서 자존감을 잃지 않고, 타인과 공감하며 문제를 해결하는 주체적인 어른으로 성장할 것이 분명합니다.

내 아이가 그런 아이로 자라기를 바란다면 지금부터 자녀와 대화하는 시간을 자주 가져 보면 어떨까요? 가정에서 이 대화를 이끌어 주는 가장 좋은 매개체가 책이라는 사실도 기억하기 바랍니다.

29

공부 vs. 정서,
하나만 가르쳐야 한다면

"선생님, 한자 공부는 꼭 해야 할까요?"

"책을 많이 읽으면 공부를 잘할 수 있나요?"

"아이가 국어를 특히 어려워해요. 문제집을 추천해 주실 수 있나요?"

학부모를 대상으로 문해력 강의를 하다 보면 자주 듣는 질문입니다. 저 역시 부모로서 아이의 학업 성적에 관심이 많습니다. 특히 학년이 올라갈수록 더 민감해지는 부분입니다. 중요도를 따지면 아이가 학교생활에 어려움은 없는지, 친구 관계나 마음 가 어떤지 등도 신경 써야 하지만 눈으로 바로 확인할 수 없다는 이유로 가시적 결과인 성적에 더 집착하게 됩니다.

미래가 요구하는 힘, 정서적 주도성

많은 미래학자와 교육학자는 말합니다. 앞으로의 사회를 살아가기 위해 필요한 힘은 수학 성적 몇 점, 영어 성적 몇 점, 몇 등급으로 나눠지는 등급형 공부머리와는 다를 것이라고 말입니다.

21세기의 핵심 역량으로 불리는 4C는 첫째 기존 지식을 넘어서는 혁신적 사고력인 창의성creativity, 진위를 가려내고 옳고 그름을 판단하는 비판적 사고력critical thinking, 자신의 생각을 명확히 전달하고 공감하며 소통할 줄 아는 의사소통communication 능력, 서로 다른 사람들과 협력해 공동의 목표를 이루는 협업collaboration 능력입니다. 이와 더불어 국제연합UN, OECD, 세계경제포럼WWF 등 국제 기구들은 자기 주도 학습력self-directed learning과 디지털 리터러시digital literacy를 중요한 미래 역량으로 꼽습니다.

결국 미래 사회가 요구하는 힘은 문제를 정의하고 해결하기 위해 스스로 생각하고, 타인과 협력하며, 평생 새로운 지식을 습득하는 능동적인 태도에 달려 있습니다. 아이의 경쟁력이 지식 습득량이 아닌 감정을 다스리고 관계를 이끌며 문제를 돌파하는 정서적 주도성에서 시작된다는 뜻입니다.

성적은 우수하지만 작은 실패에도 자신감을 잃고, 감정을 다루지 못해 관계에서 어려움을 겪는 아이들이 있습니다. 흔히 '헛똑똑이'라고 부르지요. 이들은 지식은 풍부하나 정서적 근육이 약해 오직 시험 점수와 정답만을 강요하는 현재의 과열된 교육 세태에서 타인의 평가에 쉽게 흔들립니다.

이러한 환경은 아이들을 스스로 판단하고 책임지는 주체로 키우기보다 단기적인 결과만을 좇는 수동적인 존재로 만듭니다. 지식의 수명이 짧아지고 끊임없는 재학습이 요구되는 미래 사회에서 아이들은 지식이 부족해서가 아니라 정서적 취약성 때문에 자주 버티기 어려울지도 모릅니다.

반면 실수를 감당하고 자신의 감정을 다스릴 줄 아는 아이가 있습니다. 그 아이는 실패해도 다시 일어서며, 관계 속에서도 자신을 잃지 않고 배움 앞에서 주저하지 않습니다. 이러한 정서적 주도성이 바로 21세기가 원하는 진정한 인재의 핵심입니다.

정서가 단단한 아이는 배움 앞에서도 강합니다. 어려운 과제에 부딪혀도 감정을 조절하며 문제 해결에 몰두하지만, 정서가 약한 아이는 조금만 힘들어도 "몰라, 안 해"라는 말로 회피하며 쉬운 길만 찾아 나서기 때문입니다. 결국 공부머리는 정서의 단단한 근육 위에서만 자란다는 사실을 부모가 먼저 깨달아야 합니다.

그렇다면 과열된 사교육 환경 속에서 이 중요한 정서적 주도성을 어디서 길러 줄 수 있을까요? 정답은 가정에 있습니다.

현재의 교육 시스템이 성적과 지식 전달에 집중할 수밖에 없다면, 가정의 역할은 마음을 읽어 주는 교육에 집중돼야 합니다. 이러한 정서 교육은 거창하고 새로운 프로그램이 아닌 가정에서의 독서 교육을 통해 가장 쉽고 효과적인 해결 방법을 찾을 수 있습니다.

독서는 아이가 실제 삶의 위험 없이 다양한 정서적 상황을 경험하는 안전한 실험실이 돼 줍니다. 책 속 인물의 감정을 보며 자신의 감정을 객관적으로 바라보고, 다양한 감정 어휘를 습득함으로써 내면을 정교하게 표현하는 힘을 기르게 되기 때문입니다.

이때 중요한 것은 학습 성과를 목표로 하는 독서 지도가 아니라, 아이와 함께 책을 읽으며 정서적 교감을 나누는 함께 읽기가 돼야 한다는 점입니다. 이처럼 가정 독서 교육이 가져다주는 최고의 효과는 아이의 정서 지능과 자기 주도성을 함께 키우는 일이며, 이는 일상 속 작은 책 대화를 통해 실현될 수 있습니다.

책 대화는 질문 하나, 말 한마디로 충분합니다. "주인공이 왜 그런 선택을 했을까?" "너라면 어떻게 했을까?" 같은 짧은 대화 속에서 아이는 자신의 감정을 언어로 표현하고 자신의 판단을 스스로 세워 봅니다. 부모는 그 생각을 존중하며 아이의 내면을 들여다보고, 책은 아이와 부모의 마음을 잇는 다리가 됩니다. 공부를 가르치는 부모보다 마음을 읽어 주는 부모가 더 강합니다. 앞으로의 경쟁력은 머리가 아니라 정서적 주도성이라는 마음에서 나옵니다. 배움의 뿌리는 언제나 가정에서 시작됩니다.

30

다시,
가정 독서 교육으로

"독서가 중요하다는 건 알지만, 어떻게 해야 할지 모르겠어요. 그래서 문제집이라도 풀게 합니다."

"읽기 실력을 키워 준다는 책을 보면 저도 모르게 사게 돼요."

가정에서 독서 지도를 어떻게 해야 할지 모르겠다며 부모님들이 가장 자주 토로하는 고민입니다. 이 막막하고 조급한 마음을 반영이라도 하듯 시중에는 각종 어휘 문제집, 문해력 교재, 독해·한자 학습서가 쏟아져 나오고 있습니다.

물론 문제집이 나쁘다는 뜻은 아닙니다. 짚고 싶은 부분은 책 읽기의 자리를 문제집이 대신하고 있다는 것입니다. 독서는 아이의 언어 능력, 사고력, 감정 이해력 등 다양한 영역을 성장시키는 근본적인 힘입니다. 그런데 이 중요한 과정이 '문제 풀이식 학습'으로 바뀌면 독서의 즐거움은 사라지고 책은 부담이 됩니다.

오랜 시간 아이들과 책을 읽으며 '독서를 학습으로만 접근하면 아이들은 책과 멀어진다'를 보여주는 사례를 수없이 목격했습니다. 독서가 해야 하는 일이 되면 흥미는 줄어들고, 흥미가 사라지면 자발성도 함께 사라집니다. 스스로 좋아서 하는 일, 재미있어서 하는 일만이 지속됩니다.

독서 또한 마찬가지입니다. 강제된 독서는 오래가지 않습니다. 읽기의 본질은 흥미와 즐거움입니다. 어휘가 부족하다고, 독해력이 약하다고, 한자를 몰라서 불안하다고 지엽적인 부분에만 매달리면 오히려 큰 그림을 그리지 못합니다.

가정 독서의 방향 다시 세우기

'독서=학습'이라는 등식에서 벗어나 독서의 본질을 회복하기 위해서는 가정의 독서 환경부터 돌아봐야 합니다. 혹시 우리 가정에서도 독서를 도구화하고 있지 않은가요? 책을 점수와 성취의 도구로 삼는 순간, 아이의 책 읽기는 공부로 변하고 맙니다. 문해력은 이런 방식으로 길러지지 않습니다. 책을 좋아하고, 책으로 생각을 나누는 경험이 쌓일 때 비로소 자라납니다. 그래서 필요한 것은 '더 많은 교재'가 아니라 '더 좋은 경험'입니다.

아이의 독서 교육을 위해 모든 부모가 독서 지도사가 될 필요는 없습니다. 그것은 가정 독서의 길이 아닙니다. 학교에서의 지도는 교사의 몫입니다. 가정에서 부모가 해야 할 일은 아이가 즐겁게, 기꺼이, 편안하게 책을 읽을 수 있는 분위기를 만들어 주는 것입니다. 이러한 가정 독서의 기본 방향은 다음 세 가지로 정리할 수 있습니다.

하나. 꾸준히 지속되는 독서

독서는 단거리 경주가 아니라 마라톤입니다. 독서력은 하루아침에 자라지 않습니다. 글자를 익히는 단계에서 시작해 점차 글을 해석하고 의미를 파악하며, 마지막으로는 생각을 확장하고 연결하는 단계로 나아갑니다. 따라서 아이가 지치지 않도록 재미있고 편안한 분위기에서 책을 읽게 해야 합니다. 조급함보다 지속이 중요합니다.

둘. 독서의 궁극적인 목표를 잊지 않기

'독서를 많이 하면 성적이 오른다' '독서는 다른 공부에도 도움이 된다'라는 말은 틀리지 않습니다. 하지만 그것이 독서의 목적이 돼서는 안 됩니다. 독서는 마음을 성장시키는 일입니다. 책은 때로 위로가 되고, 삶의 길잡이가 되며 지혜와 성찰의 힘을 키워 줍니다. 지식의 습득은 그 과정에서 얻어지는 결과일 뿐입니다. 따라서 멀리 보는 독서관, 즉 '책이 내 삶을 풍요롭게 만든다'라는 믿음을 아이에게 전해야 합니다.

셋. 함께하는 독서

독서는 아이 혼자만의 일이 아닙니다. 가정 전체가 함께해야 지속됩니다. 부모가 책을 읽지 않으면서 아이에게만 읽으라고 하는 것은 모순입니다. 부모가 먼저 책을 읽고, 책에 대한 생각과 감정을 자연스럽게 나누는 가정에서 책이 대화의 중심에 놓입니다. 이런 환경 속에서 아이가 소통의 기쁨을 배울 수 있습니다.

예전에 초·중·고 교사가 함께한 연수 자리에서 이런 질문을 던졌습니다.

"선생님들이 보시기에 앞으로 아이들에게 꼭 필요한 능력은 무엇일까요?"

대부분의 한목소리로 이렇게 말했습니다.

"공감 능력, 대화 능력, 소통력, 배려심이지요."

흥미롭게도, 아무도 '학습 능력'이나 '지식 습득'을 말하지 않았습니다. 그런데 지금의 독서 교육은 대부분 인지적 능력,

즉 학습 중심으로만 흘러가고 있습니다. 아이에게 필요한 것은 지식 이전의 감성, 사고 이전의 공감력입니다. 책은 마음을 움직이는 매체입니다. '독서 치료'라는 단어가 있듯 책은 때로 사람의 마음을 치유합니다.

어른도 책에서 위로를 얻습니다. 기운이 떨어질 때 자기계발서에서 힘을 얻고, 육아서에서 공감을 찾으며, 문학 작품에서 삶의 통찰을 배웁니다. 이를테면《빨간 머리 앤》을 통해 긍정의 힘을 배우고《나의 라임 오렌지나무》에서 어린 제제의 눈으로 세상을 다시 바라보았듯이, 책은 언제나 마음을 성장시킵니다.

저는 아이들이 이런 경험을 가정에서부터 배우길 바랍니다. 책이 주는 즐거움, 공감, 위로의 힘을 느끼고, 그 감정을 가족과 함께 나누는 문화를 만들어 가기 바랍니다. 그것이 바로 가정 독서의 완성, '읽기'에서 '함께 성장하기'로 나아가는 길입니다.

오랜 시간 아이들의 독서를 지도하며 느낀 점은 아무리 좋은 수업과 프로그램이 주어져도 가정에서의 독서가 중단하거나 이어지지 않으면 아이의 읽기 근육이 금세 약해진다는 것입니다. 이는 아이들이 초등 고학년이 되면서 잘 드러납니다.

유아부터 초등 저학년까지는 "엄마가 책 읽어 줬어요" "아빠랑 같이 읽었어요" 라고 말하는 아이가 읽기 독립이 된 순간부터는 보통 혼자 읽기가 시작됩니다. 그때부터 독서는 부모님과 함께하는 독서에서 홀로 읽는 독서로 바뀝니다. 이 시간이 지나 독서가 강제성을 띄거나 의무 사항이 될 때 아이는 오히려 책과 멀어집니다. 이러한 경험은 독서에 대한 흥미와 관심도, 몰입도를 모두 떨어뜨리는 순간이 됩니다.

3학년이었던 성민이는 아주 똑똑한 아이였습니다. 또래보다 읽기 유창성도 좋았고 배경지식이 풍부해서 정보 책도 잘 읽었습니다. 특히 만화책 읽기를 좋아했는데, 어느 날 시무룩한 표정으로 저를 만났습니다. 무슨 일이 있냐고 물었더니 아이는 엄마가 만화책은 절대 보면 안 된다고 했다며 속상해했습니다. 이후부터 성민이는 조금씩 책에 대한 흥미를 잃은 듯 보였습니다.

"선생님, 제가 도서관을 왜 좋아하는지 아세요? 1층 어린이 자료실에 신간 만화책이 많이 있거든요."

성민이가 눈을 반짝거리며 말했던 기억이 납니다. 그렇게 도서관을 좋아하는 성민이는 '만화책 절대 금지'와 함께 손에 쥔 두꺼운 책들 사이에 방황을 하다가 길을 잃은 듯 보였습니다.

"어차피 도서관에 가면 엄마가 읽으라고 한 책만 봐야 하는 데요. 도서관 가기 싫어요."

시간이 조금 지나, 성민이의 말에서 그런 이야기가 나왔을 때, 아이가 왜 도서관을 싫어하는지 알 것 같아 마음이 무거웠습니다.

정서 문해력,
가정에서 자란다

독서는 즐거움이 있어야 오래 지속할 수 있습니다. 독서에 학습적인 요소만 가미되고 스스로 책을 즐겨 읽을 수 있는 환경을 빼앗는다면 오히려 점점 아이가 독서와 멀어진다는 점을 알아야 합니다. 독서는 머리로만 하는 게 아니라 마음과 정서의 영역도 중요하게 작동하기 때문입니다.

요즘 교육계에서 주목받는 개념 중 하나가 '정서 문해력 emotional literacy'입니다. 감정을 인식하고 이해하며 그 감정을 적절히 표현하고 조절하는 능력을 말합니다. 이는 단순히 마음을 읽는 기술이 아니라 삶을 지탱하는 정서의 언어입니다.

미국 사회·정서 학습 연구팀은 정서 문해력이 높은 아이일수록 학업 성취도와 사회적 적응력이 모두 높다고 밝혔습니다. 감정을 언어로 다룰 줄 아는 아이는 스트레스 상황에서도 안정적으로 사고하고, 타인의 감정을 공감하며 문제를 해결할 수 있습니다.

이 힘은 가장 먼저 가정에서 길러집니다. 부모와 처음 해 보는 여러 활동 중, 특히 독서와 대화는 아이가 경험하는 감정 세계를 언어로 표현하고 객관화하는 가장 효율적인 매개체입니다. 책 속 인물의 다양한 감정을 살피고 부모와 이야기하는 과정에서 아이는 타인과 자신의 마음을 정확히 인식하는 정서 문해력의 기초를 다지게 됩니다. 가정이 정서 문해력을 키울 수 있는 최적의 장소라는 뜻이지요.

학교에서 배운 지식을 마음으로 확장하도록 복습하는 것도 가정의 몫입니다. 가정에서의 독서가 시험을 위한 공부가 아니라 마음을 나누는 일상의 대화가 돼야 가정을 쉴 수 있는 공간, 편안한 공간, 마음의 공간으로 인지하기 때문입니다. 이 과정에서 아이의 언어 능력뿐만 아니라 사고력, 관계 능력까지 자라납니다. 생각하고, 질문하고, 공감하는 경험을 쌓아가기 때문입니다.

책 대화는 특별한 시간이나 거창한 준비를 필요로 하지 않습니다. 하루 10분, 잠자기 전의 "오늘 무슨 책 읽었어?" "오늘 엄마가 기후 위기에 관한 책을 읽었거든" "너는 요즘 무슨 책이 재미있니?" "읽고 싶은 책이 있니?" "주말에 서점에 가 볼까?" "엄마(아빠)가 어릴 적 읽었던 책 중에 가장 기억에 남는 책은…" 같은 짧은 대화로도 가능합니다. 소소한 대화부터 시작해 보기를 권합니다. 이런 대화가 쌓이면 아이 마음 속에도 스스로 생각하고 표현하는 힘이 자라납니다.

세계적인 독서학자인 매리언 울프Maryanne Wolf의 저서 《다시, 책으로》에서는 현재 디지털 중심의 사회에서 우리가 잃어버린 책을 통한 깊이 읽기를 되찾아야 한다고 말합니다. 디지털 매체가 난무하는 시대에 가벼운 읽기에서 벗어나 읽기의 본

질인 '깊이 읽기deep reading'으로 돌아갈 수 있게 노력해야 한다고 주장하지요.

　마찬가지로 독서의 힘이 흔들리는 디지털 시대에 다시 그 힘을 찾기 위해서는 원래 독서 교육이 강조한 가정 독서가 중심을 잡아야 하며, 여기에 효과적인 방법이 바로 책 대화입니다. 책 대화는 서로의 생각과 마음을 나누는 정서의 영역이며 이는 아이에게도 큰 부담감으로 작용하지 않습니다. 오히려 아이는 책 대화를 통해 풍성한 정신적 지지를 받을 수 있으며, 일상 대화에서 나누지 못한 깊고 넓은 소통이 가능하기에 아이의 언어를 확장할 수 있는 좋은 교육이 됩니다.

31

부모의 독서가
아이에게 스며드는 방식

아이가 어릴 때 저는 늘 책 읽는 엄마의 모습을 보여주고 싶었습니다. 그래서 아이 앞에서는 일부러 책을 펼쳐 들고, 조용히 독서하는 시간을 만들어 보여주곤 했습니다. 그런데 어느 순간부터 저도 모르게 손에 책 대신 휴대폰을 들기 시작했습니다. 장도 보고 연락도 하고 정보를 찾고, 소통도 모두 휴대폰으로 하게 됐습니다.

하루가 다르게 손에 휴대폰이 익숙해지던 어느 날 문득 고개를 들어보니 아이 손에도 휴대폰이 쥐어져 있었습니다. 그리고 저를 빼닮은 표정으로 작은 화면 속 세상에 깊이 빠져들어 있었습니다. 그 모습에 헛웃음이 나왔습니다.

‘아, 나도 모르게 이 모습 그대로를 전해주고 있었구나.’

책 대신 휴대폰을 든 제 일상이, 그대로 아이의 일상으로 복제되고 있었던 것입니다.

우리 아이 문해력을 키우는 순간들

부모의 행동이 아이에게 영향을 준다는 사실은 이미 여러 연구에서 밝혀졌습니다. 영국의 독서 진흥 기관인 북트러스트 BookTrust의 조사에 따르면, 부모 또는 보호자가 독서를 즐기는 경우 0~7세 자녀가 독서를 즐길 확률이 그렇지 않은 경우보다 약 40퍼센트 더 높다고 합니다. 이는 부모의 독서 태도가 자녀의 독서 습관 형성에 결정적인 역할을 한다는 것을 보여줍니다.

국내 연구에서도 같은 결과가 확인됐습니다. 부모의 독서량과 독서 권장도가 자녀의 독서 태도와 독서 인식에 통계적으로 유의미한 차이를 보였다고 하지요. 부모가 스스로 책을 즐기고, 책 읽는 모습을 일상에서 보여줄수록 아이 역시 독서를 ‘삶의 일부’로 인식한다는 것입니다.

사실 연구 결과를 인용하지 않아도 우리는 이미 알고 있습니다. 아이들은 부모의 말을 듣기보다 부모의 삶을 배웁니다. 가정의 문화, 생활의 습관, 사소한 일상 하나하나가 아이의 인생에 천천히 스며듭니다.

가정마다 고유한 생활 규칙이 있습니다. 밥을 먹은 뒤 그릇을 스스로 치우는 집, 집에 들어올 때 신발을 가지런히 두는 집. 이렇듯 어떤 가정은 생활 습관을, 또 어떤 가정은 예절을, 또 다른 어떤 가정은 독서를 삶의 중심에 두기도 합니다. 독서 강의에서 만난 책을 잘 읽는 초등 5학년 영지의 사례가 대표적입니다.

영지의 부모님은 책을 좋아했고 영지를 서점과 도서관에 자주 데리고 다니며 책을 가까이할 기회를 꾸준히 만들어 줬습니다. 그 결과 영지는 스스로 책을 고르고, 책을 통해 자신의 생각을 표현할 줄 아는 독자가 되었습니다. 책을 자주 사거나 서점과 도서관을 자연스럽게 드나드는 경험이 아이의 독서 태도에 분명한 차이를 만든 것입니다.

부모는 아이의 독서를 위해 무엇을 해야 할까요? 많은 가정이 시도하는 방법은 아이와 함께 책 읽기, 가정 내 리딩 존 마련하기, 가족 독서 토론 운영하기 등입니다. 제가 제안하는 방식은 책 대화입니다. 책 대화는 아이만 변화시키지 않습니다. 꾸준히 책 대화를 실천한 부모들은 '아이의 성장을 지켜보는 동안 나 자신도 함께 성장했다'라고 입을 모읍니다.

또한 책 대화는 아이를 가르치는 시간이 아니라 부모와 아이가 함께 배우는 시간입니다. 부모가 배우는 자세로 책 앞에

앉을 때 아이도 스스로 생각하고 말하는 힘을 기릅니다. 그 과정에서 형성되는 함께 읽는 문화가 가정의 분위기를 바꾸고, 아이의 자기 주도성을 키웁니다.

지금은 정보의 시대를 넘어 경험의 시대입니다. 작은 화면 하나로 전 세계의 정보를 찾을 수 있지만, 그 정보는 점점 평균화되고 있습니다. 이제는 직접 경험하고 느끼고 생각하는 힘, 즉 '나만의 문해력 지문'을 만드는 것이 진짜 경쟁력이 됐습니다.

서울의 한 도서 체험전에 유례없이 많은 사람이 몰린 적이 있었습니다. 누군가가 물었습니다.

"독서율은 계속 떨어지는데, 왜 도서전에는 이렇게 사람이 많을까요?"

이유는 분명합니다. 도서전은 이제 책만 파는 곳이 아닙니다. 책을 매개로 한 경험과 이야기를 나누는 공간이 됐습니다. 이 변화에서 문해력의 확장력을 느낄 수 있습니다. 사람들은 이제 읽는 것을 책을 경험하고, 체험하고, 관계 맺는 일로 받아들이고 있습니다.

문해력은 경험에서 자랍니다. 아이와 함께 읽고, 대화를 나누고, 또래 친구가 있는 책 동아리에 참여하고 새로운 도서관이나 독립 서점, 지역 책 축제를 방문하는 등 다양한 '책 경험'을 선물해 주세요. 책을 읽는 부모 밑에서 자란 아이는 책을 통해 세상을 바라봅니다. 부모의 손에 들린 책이 곧 아이의 미래를 비추는 거울입니다. 부모가 책을 통해 생각하고 느끼는 모습을 보여줄 때, 아이의 독서는 과제가 아니라 삶이 됩니다.

32

부모도 함께 성장시키는
가정에서의 책 대화

"선생님, 아이와 책 대화가 너무 어려워요. 이게 정말 아이에게 도움이 되는지도 모르겠어요."

한 어머니가 강의가 끝난 후 제게 조심스럽게 다가와 했던 말입니다. 책 대화의 중요성은 이해했지만, 막상 실천하려니 막막하다는 이야기였습니다. 어떤 책으로 시작해야 할지, 어떤 질문을 던져야 할지 몰라 주저하게 된다는 고백이었습니다.

저는 책 대화를 아이의 성장만을 위한 도구로 여기면 반쪽짜리 독서 교육이라고 말합니다. 아이 독서로만 접근한 분들은 오늘부터 '나 자신을 위한 책 대화'로 접근을 해 보라고 조심스럽게 권하지요. 책 대화는 결국 부모와 아이가 함께 성장하는 쌍방향 활동이기 때문입니다.

　아이에게 질문을 던지기 위해서는 부모 스스로 책을 깊이 읽고 내용을 곱씹는 성찰의 시간이 필요합니다. 이러한 성찰은 부모에게도 시야를 확장하고 사고를 유연하게 만드는 학습이 됩니다. 부모가 먼저 책을 통해 자신의 생각과 감정을 나누는 모습을 보여줄 때, 아이는 비로소 진솔한 소통의 모델을 배우고 대화에 주도적으로 참여하게 됩니다.

부모가 먼저 읽기에 몰입하려면

　그렇다면 어떻게 해야 책 대화를 아이의 독서가 아닌 '부모의 독서'로 여기고 몰입할 수 있을까요? 저는 강연에 오는 부모님들에게 다음의 일곱 가지 방법을 권합니다.

하나. 나의 성장으로 독서를 바라보기

　'같은 책을 읽는다'는 '동반 성장을 목표로 한다'라는 것을 의미합니다. 아이에게 질문하기 전에 책의 메시지를 성찰하는 과정은 부모의 사고도 확장합니다. 부모의 시각이 넓어지면 아이의 다양한 해석을 존중하고 받아들일 수 있습니다.

　　　　　　　혼자서도 잘하는 아이의 독서법

둘. 좋아하는 어린이책을 골라 읽어 보기

아이의 독서 수준과 흥미를 정확하게 파악할 수 있어 적절한 책을 추천하거나 아이의 선택을 이해하는 데 도움이 됩니다. 또한 책의 내용과 맥락을 이해하고 있어야 아이의 예측 불가능한 질문에도 깊이 있는 대화로 이어갈 수 있습니다.

셋. 주변의 어른 독서 모임에 참여하기

모임에서 다양한 연령과 배경을 가진 성인들이 같은 책을 두고 다르게 해석하는 경험을 통해, 부모는 아이가 말하는 생각이 틀린 해석이 아니라 다른 관점임을 수용하는 유연한 사고방식을 체득하게 됩니다.

넷. 다양한 책 읽기를 시도하기

정보 책, 동화책, 동시집 등 다양한 매체를 접해야 합니다. 다양한 분야의 독서는 부모의 배경지식과 어휘력을 넓혀 아이의 어떤 질문에도 막힘없이 대응할 수 있게 합니다. 아이와의 책 대화에서 깊이 있는 질문을 던지고 다양한 관점을 제시하는 안정적인 가이드가 될 수 있지요. 특히 장르별 독서를 통해 얻은 입체적인 사고력은 아이가 교과서와 정보의 맥락을 빠르게 파악하도록 이끌어 학습의 효율을 높이기도 합니다.

다섯. 독서 기록 앱에 독서 여정 기록하기

기록은 경험의 다른 말입니다. 한 달에 몇 권을 읽는지 스스로 점검해 보면 좋습니다. 독서 기록은 부모가 자신의 독서 취향과 수준, 그리고 성장 속도를 객관적으로 파악할 수 있게 돕습니다. 기록을 통해 스스로 성취감을 얻고 독서를 지속할 동력을 확보하게 되면, 아이에게도 책 읽기의 즐거움과 꾸준함의 가치를 효과적으로 전달할 수 있습니다.

여섯. 구체적인 독서 목표 세우기

책보다 재미있는 게 많은 요즘 스스로 강제 독서를 부여할 필요가 있습니다. 바쁜 일상을 보내고 있더라도 '하루 30쪽 이상 읽기' 같은 구체적인 목표를 세워 보세요. 이는 독서를 미루지 않고 행동으로 이끄는 명확한 기준을 제시하며, 작은 분량이라도 꾸준히 완수할 때 성취감을 줍니다. 이러한 자기 주도적인 목표 설정과 달성 경험은 아이에게 시간 관리 능력과 학습의 지속성을 가르치는 부모의 훌륭한 본보기가 됩니다.

일곱. 지역의 독서 프로그램이나 행사에 참여하기

도서관에서 운영하는 독서 프로그램은 거의 무료입니다. 다양한 북 페어, 책 콘서트, 작가와의 만남 등에 자주 참여해 보세요. 책을 둘러싼 다양한 활동에 직접 참여하여 얻는 지식과 영감은 아이와의 책 대화 주제를 확장하고, 독서를 즐거운 문화 활동으로 인식하게 만드는 귀한 자산이 됩니다.

이는 부모를 위한 지침입니다. 책 읽기에 대한 관심을 아이에게서 나에게로 돌리고 나면 아이와의 책 대화가 자연스럽게 시작될지도 모릅니다. 한 달에 세 군데의 독서 모임에 꾸준히 참여한다는 어떤 어머니는 독서 모임을 유지하는 이유를 묻자 이렇게 답했습니다.

"같은 책을 읽고 이야기를 나누는 그 시간이 참 소중해요. 같은 책이지만 마음에 남는 장면도, 기억되는 문장도, 각자의 시선에 따라 다르더라고요. 이 다름을 통해 제 생각이 더 깊어지고 넓어지는 걸 느껴요."

아이와의 책 대화가 단순한 교육이 아니라 서로를 이해하고 확장하는 소통의 장이라는 사실을 깨달은 것입니다. 또 다른 어머니는 아이에게 좋은 책을 추천해 주기 위해 책을 읽다가 자신이 동화에 빠졌다며, 벌써 1,000권이 넘는 어린이책을 읽었다고 말했습니다.

"아이를 위해 읽기 시작했는데, 너무 재미있는 책이 많았어요. 그러다 '나도 동화를 써 보고 싶다'라는 생각이 들었죠. 지금은 동화 작가 과정을 수강 중이에요. 딸아이도 제 꿈을 응원해 주고 있답니다."

아이를 위해 시작한 독서가 부모 자신의 성장으로 이어진 것입니다. 이는 곧 아이에게 돌아가는 선순환이 됩니다. 성장하는 부모는 아이에게 '함께 자라는 기쁨'을 보여줍니다.

책 대화는 아이만의 전유물이 아닙니다. 책을 함께 읽고 생각을 나누는 행위 자체가 부모에게도 깊은 성찰과 배움의 시간을 제공합니다. 실제로 아이의 책 대화법을 가르치기 위해 제가 진행했던 어린이책 읽기 모임의 후기에 이런 이야기가 많았습니다.

"아이에게 도움이 되길 바랐는데 제가 더 많이 배웠어요."

"책을 좋아하지 않았는데, 아이 책을 함께 읽으며 독서의 즐거움을 알게 됐어요."

책 대화는 아이의 문해력을 기르는 동시에 부모의 내면을 성장시키는 경험이 됩니다. 아이의 세계를 이해하려다 보면 부모의 세계도 확장됩니다. 책 대화가 아이를 지도하는 방식이 아니라 부모와 아이가 동등한 독자로 마주하는 방식이며, 상호 존중과 공감을 핵심으로 하기 때문입니다. 부모와 아이가 각각의 생각을 주체적으로 나누는 순간, 그때가 진정한 책 대화의 시작점입니다. 아이를 이해하려는 대화 속에서 부모는 자신의 감정과 태도를 돌아보고 아이 역시 부모의 변화를 통해 배웁니다. 서로를 더 깊이 이해해 가는 길을 걷는 셈이지요.

33

오늘의 책 대화에
담아야 하는 마음

곧 중학생이 되는 제 아이는 어느 순간부터 또래 친구와 놀기를 더 좋아했고 조금씩 책과 멀어졌습니다. 저는 "같이 책 읽자!" "무슨 책부터 읽을까? 네가 골라 봐!"라며 아이가 책과 멀어지지 않게 하기 위해 대화를 시도했습니다. 그러던 어느 날 아이가 혼자서 책 읽는 모습을 목격했습니다. 책 속 세계에 몰입한 아이의 얼굴은 참 고요했습니다.

아이가 어릴 적에는 함께 앉아 책을 읽고, 손으로 글자를 짚으며 글 깨치기를 도왔습니다. 동시를 소리 내어 읽어 줬고, 구수한 입말체가 살아 있는 옛이야기를 들려줬고, 글 없는 그림책으로 상상 놀이를 했습니다. 책 탑을 쌓거나 책 도미노, 책 징

검다리를 만드는 등 여러 책 놀이도 즐겼지요.

한창 그림책을 읽어 줄 때 면지를 펼치는 순간부터 경이로 웠던 예술 책을 우연히 함께 본 적이 있습니다. 추운 겨울, 펼치면 4미터 가까이 되는 병풍 형태의 도서인 《수잔네의 겨울》을 거실 한가운데 전시한 것은 아이와 함께 쌓아온 우리만의 독서 역사였습니다.

그 사이 참 많은 시간이 흘렀습니다. 책을 좋아했던 아이는 갑자기 책을 멀리하기도 했고, 책보다 더 재미있는 순간을 작정한 듯 나선 듯 도망가기도 했습니다. 내심 서운하기도 하고 속상했던 날도 있었지만 점점 한 명의 독립된 독자로 성장하는 모습으로 받아들였습니다. 아이가 "책은 지긋지긋해!" "책 읽기가 무슨 소용이야!"라는 말만 하지 않기를 바라며 강제적인 독서를 하지 않기 위해 노력했습니다.

기다림을 넘어
서로의 다름 나누기

학교 안과 밖에서 수많은 어린 독자를 만나왔습니다. 그중에는 아무리 책을 잘 읽고 좋아하더라도 한결같이 책을 좋아하고 책에만 푹 빠져 있는 아이는 없었습니다. 제 아이 역시 마찬가지였습니다. 때때로 아이들은 책과 다른 세상을 경험하기를 원하고 책보다 더 재미있는 세상에 빠지기를 합니다. 이때 부모님은 아이를 기다려 주고 책과 완전히 멀어지지 않도록 하는 마음을 가질 필요가 있습니다. 조급함과 걱정, 불안은 고스란히 어린 독자에게도 연결됩니다. 아이에게 부담으로 다가올 수도 있고, 과제로 다가올 수도 있습니다.

즐거움이라는 요소가 이런 마음에는 스며들지 않습니다. 스스로 책을 선택하고, 읽고, 중단하고, 다른 책을 찾아 읽기도 하고, 쉬기도 하면서 책 읽기의 완급을 조절하고 읽기의 주체성이 살아날 때 재미와 즐거움이 스며듭니다. 그렇기에 양육자로서 아이가 점점 커가는 과정에서 아이를 한 명의 독립된 독자로 인정해 주는 마음이 필요합니다. 아이와 함께 책을 읽다 보면 어떤 장면이 좋았는지, 주인공이 왜 그렇게 했을지, 나라면 어떻게 했을지 이야기를 나누는 순간이 찾아옵니다.

이 대화 속에서 아이와 나는 독자로서 마주합니다. 같은 책을 읽어도 좋아하는 장면, 마음이 멈춘 문장, 의문을 품은 대목이 서로 다릅니다. 그 다름을 나누는 것이 바로 책 대화입니다.

책 대화는 정답을 찾는 시간이 아닙니다. 책 속에서 질문을 찾고, 생각을 나누고, 마음을 나누는 시간입니다. 이때 부모와 아이는 서로 다른 세계를 인정하면서도 서로의 세계에 다가갑니다. 때때로 부모는 "그 장면이 좋았다고?" "그건 다르게 생각했는데?"라며 아이의 대답에 놀랄지도 모르지만 바로 그 순간 대화는 살아납니다. 다름이 곧 배움이 되고, 그 배움이 서로의 생각을 넓혀 주기 때문입니다.

책 대화는 형식이 중요하지 않습니다. 질문 몇 개면 충분합니다.

"좋았던 장면이 뭐야?"

"이 책에 별점을 준다면?"

"주인공에게 편지를 쓴다면 뭐라고 쓸래?"

책 대화는 기술이 아니라 태도입니다. 아이의 마음을 향해 열려 있는 태도, 그것이 대화의 핵심입니다. 책 대화를 학습적으로 접근하기보다는 아이가 책을 통해 '무엇을 느낄 수 있는가?'를 먼저 생각해 보세요. 부모는 아이의 독서 안내자가 아니라 같은 길을 걷는 반려자입니다. 책 벗입니다. 아이의 속도를 따라가며, 아이의 감정을 들어주는 것만으로 충분합니다.

책을 함께 읽는다는 것은 지식을 나누는 일이 아니라 마음을 나누는 일입니다. 그 마음의 대화 속에서 부모는 아이의 성장을 보고, 아이를 통해 자신을 돌아봅니다. 오늘의 책 대화에 담아야 할 것은 책 읽는 기술이 아니라 대화 속에서 투영된 아이와 부모의 생각과 마음입니다.

　　　　　　　　혼자서도 잘하는 아이의 독서법

나가며

영국의 북스타트book start 운동은 아기와 영유아에게 첫 책
꾸러미를 무료로 나눠 주는 가정 독서 운동이었습니다. 부모
와 아이가 생애 초기부터 자연스럽게 책과 친해지도록 돕는
것이 목적이었습니다. 이 작은 움직임은 시간이 흐르며 현재는
전 세계에 자리 잡은 대표적인 가정 독서 운동이 됐습니다. 시
작은 평범하고 단순했지만 큰 울림을 준 것처럼 책 대화도 시간
이 갈수록 더 의미가 발하는 가족 독서 운동이라고 봅니다.

문해력이 그 어느 때보다 중요한 시대라고들 합니다. 그런
데 문해력이 중요해질수록 점점 아이의 학업 성적 향상과 연결
돼 학습화되는 경향을 보이기도 합니다. 그런 모습을 볼 때마다

가정 독서 교육이 나아가야 할 방향과 목표에 대해 고심하게 됐습니다.

'성적 향상만 강조하는 독서로 인해 아이들이 책과 더 멀어지는 건 아닐까?'

'앞으로 어떤 가정 독서 교육이 필요할까?'

이런 질문으로 고민할 때였습니다. 그러던 중 우연히 책 읽어 주기의 최신 경향인 대화식 읽기에 관한 연구를 접했습니다.

대화식 읽기는 아이에게 책을 '읽어 주는 것'을 넘어, 아이와 상호 작용하며 함께 이야기를 만들어 가는 읽기 방식이다.

이 문장에서 깊은 울림을 받았습니다. 가정 독서는 대화식 읽기에서 언급한 것처럼 아이와 상호 작용하는 부분이 있어야 한다는 것을 깨닫는 순간이었습니다. 책을 읽으라고 지시만 하는 방식이 아닌 아이와 함께 읽는 독서로, 전환해야 한다는 메시지가 오랜 여운을 남겼습니다.

여기에 제가 오랫동안 제 삶과 함께한 독서 모임 경험이 더해졌습니다. 같은 책을 읽고 서로의 생각을 나누며 배움을 확장해 온 그 공동체가 있기에, 지금의 제가 책을 쓰고 강연하고 연구할 수 있습니다. 그 경험은 '함께 읽는 것'의 힘이 얼마나 크고 오래가는지 증명해 줬습니다. 이를 통해 책 대화야말로 가정에서 실천할 수 있는 가장 현실적이고, 지속적이며, 가장 바람직한 독서 교육 방식이라는 것을 확신하게 됐습니다.

저는 책 대화법이 앞에서 소개한 북스타트 운동처럼, 작게 출발해도 시간이 흘러 부모와 아이가 서로 독자로서 응원하며 서로를 깊게 연결되는 가정 독서의 새로운 등불이 되기를 희망합니다. 그 희망을 담아, 최대한 가정에서 실제적으로 할 수 있도록 다양한 대화 예시와 사례를 담고자 했습니다. 또한 동화 작가로서 책 대화에 도움을 줄 수 있는 국내외 좋은 동화책을 소개하기 위해 노력했습니다. 그 바람이 독자 여러분께 닿기를 간절히 바랍니다.

끝으로 수많은 강연장에서 자녀의 독서를 위해 고민을 나누던 학부모분들에게 이 책을 소개하게 돼 기쁩니다. 이 책이 가정 독서 교육의 정답이라는 생각은 하지 않습니다. 다만 학습이 아닌, 진정한 가정 독서를 찾아 오랜 목마름을 겪고 있는 분들께 하나의 좋은 해답이 되기를 희망합니다.

혼자서도 잘하는 아이의 독서법

1판 1쇄 인쇄　2025년 12월 18일
1판 1쇄 발행　2025년 12월 28일

지은이　　김지원
펴낸이　　김성구

책임편집　류다경
디자인　　이아름
콘텐츠본부　고혁 이영민 양지하 김초록 이은주
마케팅부　송영우 김지희 강소희
제작　　　어찬
관리　　　안웅기 이종관 홍성준

펴낸곳　　(주)샘터사
등록　　　2001년 10월 15일 제1-2923호
주소　　　서울시 종로구 창경궁로35길 26 2층 (03076)
전화　　　1877-8941　　　　　　　팩스 02-3672-1873
이메일　　book@isamtoh.com　　　홈페이지　www.isamtoh.com

ⓒ 김지원, 2025, Printed in Korea.

ISBN 978-89-464-2325-1 (03590)

값은 뒤표지에 있습니다.
잘못 만들어진 책은 구입처에서 교환해 드립니다.

샘터 1% 나눔실천
샘터는 모든 책 인세의 1%를 '샘물통장' 기금으로 조성하여 매년 소외된 이웃에게 기부하고
있습니다. 2024년까지 약 1억 1,650만 원을 기부하였으며, 앞으로도 샘터는 책을 통해 1% 나눔
실천을 계속할 것입니다.